百姓家风

曾睿 / 编著

中国·武汉

图书在版编目(CIP)数据

百姓家风/曾睿编著. —武汉：华中科技大学出版社，2019.3(2020.11重印)
(中华家风系列丛书/杨叔子主编)
ISBN 978-7-5680-5024-1

Ⅰ.①百… Ⅱ.①曾… Ⅲ.①家庭道德-中国 Ⅳ.①B823.1

中国版本图书馆 CIP 数据核字(2019)第 040861 号

百姓家风 曾睿 编著
Baixing Jiafeng

总 策 划：姜新祺
策划编辑：杨 静 谢 荣
责任编辑：田金麟
封面设计：红杉林文化
责任校对：张会军
责任监印：朱 玢

出版发行：华中科技大学出版社(中国·武汉)　　电话：(027)81321913
　　　　　武汉市东湖新技术开发区华工科技园　邮编：430223
录　　排：华中科技大学惠友文印中心
印　　刷：湖北新华印务有限公司
开　　本：880mm×1230mm　1/32
印　　张：6.125
字　　数：136 千字
版　　次：2020 年 11 月第 1 版第 4 次印刷
定　　价：29.80 元

本书若有印装质量问题，请向出版社营销中心调换
全国免费服务热线：400-6679-118　　竭诚为您服务
版权所有　　侵权必究

目 录

第一章　抟沙有愿兴亡楚　　　　　　　　1
　一、寸土当金与伊打　　　　　　　　　2
　二、尽心为忠报国家　　　　　　　　　5
　三、前赴后继传忠勇　　　　　　　　　8
　四、坚守尽显家国情　　　　　　　　　11

第二章　恩深难酬愧人子　　　　　　　　15
　一、孝慰亲老民风淳　　　　　　　　　16
　二、尊老侍亲孝添寿　　　　　　　　　19
　三、永言孝思常敬老　　　　　　　　　22
　四、人品高下在孝敬　　　　　　　　　26

第三章　礼让为先非我弱　　　　　　　　30
　一、礼和四姓古村昌　　　　　　　　　31
　二、睦邻助人倍相亲　　　　　　　　　34
　三、情恕不欺和为贵　　　　　　　　　37
　四、守规遵约德自高　　　　　　　　　41

第四章　怜孤救贫仁义存　44
一、吮毒救人不受报　45
二、医术济世仁义存　49
三、见义当为非求名　52
四、义行传家做好人　55

第五章　立身之本即读书　59
一、致远跬步读书起　60
二、要走正道先读书　63
三、立德更在成材先　66
四、欲化他人先正己　70

第六章　不贵千金贵然诺　73
一、至诚至信三不欺　74
二、诚信铸就茶马道　78
三、有诺必践立诚信　81
四、无信不立学吃亏　85

第七章　一生有成唯在勤　89
一、勤劳农耕勤奋学　90
二、人勤何惧峰峦险　94
三、事业有成靠勤励　97
四、勤勉尽职创繁华　100

第八章　成由节俭败由奢 ... 105
　　一、俭而不吝利他人 ... 106
　　二、物尽其用真节俭 ... 110
　　三、节俭生勤能立业 ... 113
　　四、富起于勤成于俭 ... 117

第九章　鸡虫得失浑抛却 ... 121
　　一、异姓为邻倍相亲 ... 122
　　二、以德报怨泯恩仇 ... 126
　　三、温和处世柔为贵 ... 129
　　四、宽厚包容共繁华 ... 133

第十章　精深求进匠人心 ... 137
　　一、家风重振杨柳青 ... 138
　　二、崇业敬业见匠心 ... 142
　　三、匠心醇处是天真 ... 146
　　四、技进乎道艺通神 ... 149

第十一章　尽瘁桑梓故园情 ... 154
　　一、感恩化作报答情 ... 155
　　二、善行天下馈家乡 ... 159
　　三、富在乡邻真报恩 ... 162
　　四、崇文尚义即使命 ... 167

第十二章　天地自然预人事　171
　一、山林是主人是客　172
　二、种树还山家园宁　176
　三、人恋山水常护绿　180
　四、心平赢得山长青　184

第一章 抟沙有愿兴亡楚

——忠于国家的家国情怀

明末大儒顾炎武所言"天下兴亡,匹夫有责",既用超前的眼光将"匹夫"(普通百姓)定位至历史责任的承担者,又从道德价值的角度指明了普通百姓有捍卫国家和使之昌盛的义务。纵观数千年的中华民族历史,忠于国,献身于国,在战乱时期为国洒热血、献出生命以卫国者可谓不计其数;在和平时期也有积财以富国、储粟以济贫者。历史上有"杀身成仁,舍生取义"的文臣武将,但更多的是那些籍籍无名的平民百姓。在辛亥革命之前,上至达官贵人,下至黎庶百姓,家中神龛之上必然供有"天地君亲师"这样一块牌位。帝制时期,君是国家的代表,忠于国家即以忠君为标志。百姓对国家的忠诚在行动上的表现,虽未被普遍地记录在正史中,但方志中、家谱中往往会有记载。

《史记·陈涉世家》中记载了陈涉在大泽乡起义前,与吴广在共同谋划时说:"今亡亦死,举大计亦死,等死,死国可乎?"在确立了为国家大事不惜牺牲生命的原则后,陈涉、吴广毅然决然地以九百戍卒"斩木为兵,揭竿为旗"掀起了反抗暴秦的风暴。"死国"是忠于国家的表现,在特定的历史时期,"死国"的忠已超越了忠君。

一、寸土当金与伊打

在广东湛江,有一座"寸金桥",原名赤坎桥。1898年3月,法国向我国清政府提出租借广州湾(湛江)的无理要求。清政府同意租借,并提出租界划定另议。法国不待租界议定,竟于4月20日派兵攻占广州湾,单方面划定租界。法军四处烧杀掳掠,其暴行激起湛江人民的极大义愤。南柳、海头一带的百姓在吴帮泽等义士的率领下誓师起义,用大刀长矛、棍棒农具作为武器,与法军作战。斗争逐渐扩展到周边地区,湛江百姓抱着"寸土当金与伊打、誓与国土共存亡"的信念,数次打退了装备精良的法军进攻。中国百姓对国家的忠,迫使法国不得不将租界西线从万年桥退至赤坎桥,租界范围从纵深100多里缩小至30里。

在这场长达一年半的抗法战斗中,吴帮泽等义士献出了宝贵的生命。为纪念这次轰轰烈烈的抗法斗争,当地百姓把赤坎桥改名为"寸金桥"。"寸金"者,寓意"一寸河山一寸金",显示了百姓对国家的忠诚。这种对国家的忠诚被湛江地区世世代代的百姓继承着,在抗日战争期间,无数家庭都自觉地投身于挽救民族危亡的斗争。可以说,每个家庭都是对日作战的小的单位,无数个家庭集合起来,发扬着忠于国家、捍卫领土的家风,掀起了将侵略者淹死在"人民战争的汪洋大海"的巨浪。

1943年初,日军入侵遂溪,遂溪人民在中国共产党南路特委的领导下,纷纷加入抗日救亡队伍,全县各地普遍建立抗日自卫队和抗日游击队。遂溪中区的党组织还通过各种关系将国民党政府存放在连山军火库的400多箱手榴弹和别的武器全部"借"走,用来抗击日军。1943年5月至9月间,卜巢山中队先后两次袭击调丰日伪维持会,杀掉维持会长程永贞、程墩仁,缴获步枪10多支;在南区界墙铺仔附近伏击日伪保安队,击毙臭名昭著的城月维持会长陈文斯;攻打官田日伪维持会据点,杀掉会长周镜明,缴获步枪10多支。信和乡百姓实行村村联防、人人自卫,组织起四五百人的抗日联防武装,以土枪土炮粉碎了日伪军的多次进攻,显示了乡民们化家为国、保国抗日的壮烈情怀。

第一章 抟沙有愿兴亡楚——忠于国家的家国情怀

1944年8月9日,遂溪各地区的抗日武装汇集老马村,成立了"遂溪人民抗日联防大队"和联防区,将遂溪县及雷州半岛的抗日斗争推向高潮。抗日联防大队在当地乡村抗日武装的配合下,先后进行了港门反击战、盐仓遭遇战和夜袭椹州、奇袭崩家塘、下担突围、奇袭新圩、攻克杨柑、保卫山家、金围反击战等重要战斗。他们不仅打击了占领区的日军和伪军,还建立了雷州半岛第一个民主政府,使抗日武装力量得到扩充。

遂溪县及雷州半岛的抗日武装不仅牵制、打击了当地日军,还沟通了琼崖支队与内陆抗日武装的联系,对海南岛的抗日作战起了推动作用,同时支援了东江纵队在惠州一带,以至香港、广州的游击活动。

另外,在1938年日军占领广州前,湛江就成了国内唯一的国际海运通道。由广州湾公路直达重庆,中途不须中转,汽车运输一周可到,在抗战期间广州湾转运了不少抗战所需的武器弹药和运输工具、无线电器材。

蓝德尊在利昌公司担任运输部主任,仅他所知利昌公司在1938年的半年时间内共签订了30余辆汽车的货物运输合同,这些合同并没有完全履行,其原因是1938年10月广州失守,货运被迫中止。在这种状况下利昌公司仍运输货物1000余吨。

1939年11月,日军从钦州湾登陆,广西的交通被日军截断,军统头子戴笠为将军用物资运抵重庆,不得不急电香港,电文云:"限一小时到香港。密。云荪兄阳已电及志盘带来手示均奉悉。1.昨已电请宋先生拨借港币五万五千圆交兄支付。除付无线电材料费五万圆,付王亦平两千圆外,余为购买汽油及少数机油之用。2.此次七辆卡车,除装无线电材料外,请尽量购买汽油装来。因此间汽油须五圆一加仑,尚无以应售也。如款项不敷,可商请宋先生加借港币五千圆,弟已另电宋先生矣。3.广州湾商会方面,务请胡筱庄先生代为疏通,必要时兄可往广州湾一行,愈快愈好,迟恐广西交通要受敌威胁也……弟灵叩"。

"灵"为戴笠化名,急电内容是要求王云荪(英有)、志盘、宋子文、王亦平、胡筱庄等人设法将在香港购买的无线电器材、汽车、汽油等货物取道广州湾运至内地,请上海民生公司董事、银行家胡筱庄与广州湾商会商谈,尽快抢运这批急需的军用物资。

广州湾的物资运输备受关注。据日军统计:1940年1月—5月间,广州湾为重庆国民政府运输的军用物资:飞行器材62箱,自动车部件351箱,机械类164箱,药品113箱。注意到广州湾运输线路重要性的日军大本营,在情报中这样强调"最近广州湾的重要性越来越大、越来越显眼。在香港堆积如山的武器、军需物资的滞运货,接连几天用数艘临时配船送往广州湾。根据调查,香港、广州湾之间航行的船只以往每日不过四艘,广州沦陷后急剧增加,现在约有十艘。我国今后的征战,要攻击这些武器输送路线,杜绝输送,削减上述抗日新据点。"基于这样的认识,日军想尽方法多次对广州湾交通线进行军事打击,广州湾的民众和抗日武装则尽可能地保护这条运输线路。保卫国土的战斗除了拿起枪面对面地抗争外,还有着依托于百姓、依托于忠于国家之心的后勤战争。

二、尽心为忠报国家

岳飞的母亲在岳飞的背上刺下了"尽忠报国"4个字,借此劝勉子孙要以国事为重,尽心报国。甘肃省陇南文县哈南村的村民将这种精神表述为"尽心为忠,报效国家"。

600多年前,哈南村村民的祖先奉朝廷之命驻扎在此,平息叛乱。为使地方长治久安,祖先们将家眷迁徙至此,在哈南村生育繁衍。朱、左、郭、王、宛等28个姓氏的村民都秉承着"忠勇传家"的精神。28个姓氏的族谱中都记载着家族中为国效忠者的姓名和功业,不仅为死者增添哀荣,更是为后来者提供学习的楷模。

在朱氏的族谱中记载了其始祖朱冠在明洪武十七年(公元1384年)攻取贵州的统一战争中立下的显赫战功,被授为文县守御千户。朱冠之子朱铭袭父职,平定叛乱,在明洪武二十七年(公元1394年)为国捐躯。在朱铭之后,朱氏家族先后有11人为国牺牲。朱氏家族以此为荣,将"忠勇传家"写进族谱。

"忠勇传家"在哈南村其他姓氏的家族中也表现得淋漓尽致。每当外敌入侵,只要国家召唤,哈南村就会出现"母送儿、妻送郎、父子争相上战场"的情景。保国即卫家,已成为哈南村人的信念。家国一体成为哈南村人面对社会的出发点,家国情怀成为哈南村人感情的凝聚点。

岁月荏苒,"事要尽心,人要尽忠"的祖先训诫,依然铭刻在子孙后代的心中。新中国成立以来,小小的哈南村就有近60人参军。这些哈南村的子孙将自己坚定的足迹刻在祖国的土地上。前传后教,从过军的人回到哈南村又会带回军营的风范,对后来者讲述"参军入伍,保卫祖国"是何等壮丽的人生!长辈高大的身影成为后来者前进的路标,长辈豪迈的步伐召唤后来者勇往直前。

左召平在爷爷、外公、父亲、舅舅等人的影响下,自幼在梦中就把自己想象成一名解放军。他18岁入伍,在部队考取军校,成为军官后,在距离哈南村2700多公里的边防线上,冬天温度在零下40多度的哨卡,他守卫国门十二年。他两次荣立军功,也为家乡赢得了荣誉。从军生涯使左召平对祖先传颂的"忠"的精神有了更透彻、更深刻的认识。转业后,他将军人尽忠的精神、说一不二的气质带到了地方,"退伍不褪色"。

哈南村其他的退伍军人也和左召平一样,在服役期间,他们在新疆、西藏、云南等地的边防线、边检站忠诚地履行着军人的职责;退伍后回到家乡,则以"尽心为忠",尽心家乡的建设,尽心为乡亲们服务,尽心家风与道德的传承,尽心对社会做贡献。2008年汶川大地震,哈南村遭受严重破坏,"三街九巷十二楼"的古老建筑有的坍塌,有的损毁,断垣颓壁堵塞了街巷。哈南村人没有怨天尤人,退伍军人成为重建的带头人。他们说干就干,最重的担子被他们挑起来了,最累的活被他们包干了,哈南村的古建筑很快被恢复。在退伍军人的带领下,在全村百姓尽力为忠的努力下,勃勃生机重现在哈南村。

"尽力为忠"表现在要把国家的事、集体的事摆在家事之上。嘉庆年间,哈南村人郭京佐在陕西担任教育官员。任职期间,郭京佐尽心尽责,功绩卓著,被当地官员与民众钦佩。嘉庆皇帝除了表彰他的功绩外,还颁圣旨嘉奖郭京佐的父母。百余年前,郭氏后人临摹了嘉庆所颁的圣旨。在圣旨中,嘉庆皇帝表彰了郭京佐"奉职无怠,懋著勤劳之绩",又赞扬了郭京佐母亲宛氏的教子之功。她教育郭京佐要将对父母的孝顺转化为对国家的忠诚,"俾移孝以作忠",在忠孝难以两全的情况下,将报效国家摆在第一位。80余岁的朱成元老人年轻时在外地工作，做事尽心尽责尽力。20世纪90年代他主持修建一条水渠，在工地奋战90多天，当工程将要竣工时，他的老父亲溘然离世。他强忍悲痛，没有回乡为老父送葬，而是坚守在工地上。哈南村人没有责备朱成元，而是用朱成元的事迹来教育子女。

哈南村人认为要做到忠，关键在于自律；要做到自律，就必须注重道德的教育和传承。哈南村人用各种民俗活动来营造培育家国情怀的气氛，通过民俗活动和家庭教育，将忠于国家、忠于事业的精神植根在每个村民心中。

三、前赴后继传忠勇

娘子关位于山西省阳泉市平定县东北的绵山山麓，有万里长城第九关之称。当地传说称娘子关唐朝以前名"苇泽关"，李渊在太原起兵反抗隋朝，命其女平阳公主镇守此处。平阳公主所率军队被称为"娘子军"，且在此处击败前来侵犯的敌军，所以后人称此关为"娘子关"。因其地势险要，为历代兵家必争之地。当地百姓在历代战乱的熏陶下，形成了代代相传的忠勇精神。

1900年8月八国联军占领北京，联军统帅瓦德西痛恨慈禧，认为慈禧纵容义和团杀害了德国公使冯·克特勒男爵，发誓要打到西安，活捉慈禧。慈禧命令刘光才搜集京津地区的残兵，不惜一切代价守住娘子关。刘光才率领8700余名残兵沿娘子关布防，而当时娘子关的百姓和周边百姓自发成立了一支810余人的义勇团，并购置了三四十匹战马，训练成军，平时起着保一方百姓安宁的作用。

在得知八国联军攻下保定、正定，西侵娘子关后，义勇团立即遵从刘光才的军事部署，配合他的军队对八国联军作战。义勇团发挥熟悉地形的优势，采取正面防守和夜袭、偷袭相结合的战术，在法军对娘子关发动第一次进攻时，就击毙了百余名法军。在整条防线上，法军对娘子关发动了13次疯狂进攻。据险防守的清军在当地百姓的配合与支持下，顽强作战，誓死不退。到10月底，法军扔下千余具尸体狼狈退出娘子关战场。随后而来的德军面对法军的失败，仍决定继续进攻娘子关。从11月到次年3月德军一共对娘子关战线发动了33次集团冲锋，德军阵亡千余人，伤两千余人。在这场战役中，娘子关的义勇团始终是战场上的健儿，娘子关的百姓自始至终担负起后勤保障的重任，枪林弹雨中娘子关人显示了他们的忠勇。义勇团与八国联军鏖战，其忠勇毋庸待言；娘子关的妇孺老弱均竭尽其能保障清军及义勇团的后勤。当慈禧带着她的小朝廷西逃，国家的命运就被娘子关的百姓和8700余名清兵托在手中了。娘子关抗击八国联军的战绩在清末历史上值得大书特书。第一次鸦片战争的虎门之战，英军以远少于清军的人数击败了清军，关天培战死；第二次鸦片战争中的八里桥战役中，蒙古铁骑又被远少于其兵力的英法联军击败。娘子关抗击八国联军是以少胜多的战例，也是以弱胜强的战例。

娘子关人的忠勇之风在抗日战争中被继承下来了。1940年8月，八路军发动百团大战第一阶段作战，目的是破坏正太铁路，重点破坏娘子关、平定段，切断日军补给线。战争打响后，担任娘子关主攻任务的是晋察冀军区第五团，为牵制增援的日军，第五团一营一连担负起阻击任务，全连145人最后只剩17人。参加这次战斗的娘子关人有3位战士和5位支前民兵壮烈牺牲。民兵高鸿福牺牲时，年仅18岁。高鸿福的母亲深明大义，在儿子牺牲后，强忍丧子之痛，主动要求给前线的八路军送饭，即使在送饭途中遭遇敌机轰炸，也毫不退缩。娘子关人亘古不变的豪情，通过其忠勇之风表现得淋漓尽致。

在和平的岁月里，娘子关人精神未变，家风未改，不同的是为忠勇家风注入了时代赋予的内涵。忠是忠于国家、忠于人民、忠于事业，勇是勇于认责、勇于担当、勇于奉献。忠勇于人，忠勇于事，娘子关人用战胜穷山恶水的实践，书写着忠勇家风在新时代的画卷。

1971年，娘子关人决定在承天寨的山崖上修渠引水，改变因太行山阻隔"十年九旱"的贫穷面貌。17个16岁到21岁之间的女孩子组成了娘子军民兵班参加修渠工程，由康继红任班长。修渠先修路，在悬崖峭壁上打眼、放炮、开山，娘子军民兵班的女兵像男子汉一样掌钎打锤，手掌被磨破，她们包上手绢继续干活。骄阳似火的七、八月天，娘子军民兵班每天早上4点半上山，晚上8点半下山回家。经过一个多月的努力，她们终于完成了一条长1800米的便道。开挖涵洞需要精准爆破，娘子军民兵班的成员从山顶上用绳索捆住人的身体，将其放到距离地面150米的工作点凿洞。这项工作既需要胆量，也需要技巧。娘子军民兵班的成员丝毫没有畏惧，也没有退缩。四个月后，仅仅依靠简陋原始的工具，娘子关人在距离地面150米的悬崖峭壁上，修出了长达2500米的向阳渠。修渠引水工程的完成，使娘子关前野照坡的旱地变为水田。以向阳渠的修建为起点，娘子关人以忠于事业为精神支柱，以勇于奉献为力量来源，兴建了一处又一处的水渠。今天的娘子关宛如江南水乡，人在水边走，房在水上建,潺潺流水如清泉、如溪流,滋润着土地,滋润着禾苗,滋润着娘子关人美好的梦境。

面对自然灾害,娘子关人以其忠勇之风汇集力量、凝聚民心。忠于人民,使娘子关人担起了抗灾减灾重任。绵河水位突然上涨时,不顾家中房屋倒塌、粮食被淹的杨文保依然坚守堤坝。当听到有人落入洪水后发出的惊叫时,冒着倾盆大雨和隆隆雷声,杨文保等人在茫茫夜色中顺流追逐,终于救得落水人。灾难无情人有情,娘子关人救人于危难是家国情怀的升华。2008年的"5·12"汶川特大地震后,杨文保得知四川灾区的孩子缺少桌椅板凳,毅然决然地拿出自己20多万元的积蓄,换成了800套课桌椅和灾区急需的物资,和同乡一起雇了4辆本地大货车用了四天四夜,第一时间抵达汶川。他和同乡的行为感动了货车司机,货车司机免收了运费。娘子关人用奉献精神,改变了自己家乡的穷山恶水,抵御了自然灾害,也用奉献精神去帮助在危难中的同胞。他们的行为淋漓尽致地体现了和平年代的忠勇家风。

四、坚守尽显家国情

江孜隶属西藏自治区日喀则市,地处西藏南部,位于日喀则市东部、年楚河上游。江孜,藏语意为"王城之顶"。在海拔4000余米的高原上,江孜人坚守着这片圣洁的土地,坚守着这片土地上孕育的文化,坚守着用崇敬与热爱培育出来的道德规则。像高原雪水融入年楚河一样,江孜人每个姓氏、每个家族都恪守着坚守的家风,集小家为大家。

江孜人坚守着对祖国的忠诚,对家乡的热爱。1903年荣赫鹏率领近万人的英国武装使团从印度、经锡金(现印度锡金邦)由亚东入侵西藏。凭着洋枪、洋炮等先进武器,英军在1904年进攻江孜。江孜境内16岁至60岁的男丁都参加了抗英斗争。士兵、平民和僧侣组成的守卫部队在宗山筑起防御工事,用土炮、土弓箭、土枪、乌朵、刀剑和梭镖与入侵者浴血苦战。1904年5月上旬的一个晚上,千余军民偷袭英军兵营,几乎把以荣赫鹏为首的窃据江孜的英军全部消灭。6月,英军派来了援军,7月5日,英军用大炮猛轰宗山,弹尽粮绝的守军抱着"纵然男尽女绝,誓不与侵略者共天下"的信念,在最后关头以石头作为武器,居高临下,拼死抵抗,坚持了3天3夜。当英军占领宗山,最后100多位活着的守军没一个投降,都跳崖殉国。保卫江孜的英雄们用生命书写着对祖国的忠诚。这种忠诚融入子孙后代新的家风中,并被子孙后代坚守。

  子孙后代的坚守还表现在对自然环境的保护,江孜人用一种近乎固执的态度维护着江孜的生态。护林人丹增平措每天早上都会准时来到镇边不远的那片古树林,他要看看有没有被意外闯入的动物破坏的树木。如果有牲畜损坏了树木,不分树大树小,牲畜主人都会受到处罚。这样的规定是世世代代流传下来的,既是村规民约,也是家风。因为地处高原,生态环境脆弱,风沙经常肆虐,树林是江孜人生存依赖的天然屏障。一代又一代的江孜人受着古树的庇荫,古树也受到江孜人的保护。近年来,江孜人家家户户在房前屋后种植了沙棘树苗,不仅仅是为了获得经济收益,也是在坚守自己对大自然的责任。当种植的树苗形成了树林,每家每户的院落都会对树林造成损害。聪明的江孜人将对家乡的热爱,对环境的保护落实到自己的行为中。搬家,给树木让路,这是2007年江孜人作出的重要的决定。古树是从祖先那里继承下来的遗产,树苗是自己给后人留下的财富。正是一代代江孜人的坚守,守卫了这块高原宝地的生态环境。2015年夏天,百年一遇的旱灾降临,无奈的江孜人只能赶着马车到数十公里外背水。人要喝水,庄稼要浇水,牲畜要饮水……要用水的地方太多了。可江孜人看到因缺水逐渐干枯的树木时,立刻做出了这样的选择——宁可牺牲一年的收成,也不能干死树林。丹增平措说:"人可以找别的食物,但树木不一样。饮用水可以节省着用,农田灌溉可以暂缓,给树的水不能少。"这一年江孜1806亩土地,只有800亩有收成。江孜人坚守着对生态环境的那份责任,庄稼没了可以来年再种,但树死了就是几十年都无法弥补。这份坚守保护的不仅仅是树木,更是被家国情怀浸透的这方热土。

家国情怀产生于爱,由对亲人的爱、对故土的爱、扩展到对祖国的爱、对生活的爱。这种炽热的情感通过不同的行为方式表现出来,已经渗透进江孜人的血液中。江孜人爱故土、爱祖国、爱生活,主动承担起传承历史凝结在故土上的文化的责任。

在江孜的寺院里,有许多精美绝伦的唐卡和壁画。唐卡是西藏特有的艺术瑰宝,千百年来藏人将自己的宗教情怀寄托于此。1904年英军的入侵,破坏了大量的壁画,掠夺了大量的唐卡。江孜的唐卡画师们多年来用手中的画笔,修复着这段饱经创伤的历史。加百多吉是齐吾岗画派的第十代传人,也是家族中从事唐卡绘画的第七代人,他认为唐卡不是个人的事,是整个民族的文化,自己作为画派的传人,家族的传人,负有将唐卡传承下去并发扬光大的责任。在他和其他画师们的心中,每一次落笔都是对古老文化最好的传承与坚守；对膜拜者而言，每一次仰视都是在追怀历史，都是在用民族文化滋养灵魂。

江孜人对文化的坚守可以通过一种普通的工艺品和生活用品——卡垫，充分地表现出来。和机械化生产相比，传统的卡垫生产产量低，经济效益不佳。当机器制造的卡垫以花色多、价格低廉抢占了市场，江孜的卡垫生产者纷纷转行，江孜地毯厂甚至用滞销的卡垫冲抵工人工资。厂长边多拒绝了机械化生产的建议，他认为机械化生产会让传统手工艺消亡，如果不传承手工工艺，江孜卡垫就没有了灵魂，就不再是文化的载体。守着这份初心，江孜人也在寻找着改变。他们丰富了卡垫的图案与色彩，尽可能满足人们多样化的审美需求。在江孜人的努力下，这种保留了80%传统工艺的新式卡垫依托着悠久的历史和精细的做工，再次打开了江孜卡垫的销路，也吸引了江孜更多的年轻人来继承这一手工技艺。这门古老的手工技艺，在江孜人的执着坚守下，焕发出新的青春。江孜人把坚守家乡文化的精神编织进了卡垫，并把坚守文化摆在心中最重要的位置。他们认为故土家园不仅给他们提供了生活所需的物质、环境，也孕育了独特的文化。与物质环境相比，独特的文化氛围是故土家园的根脉，也是他们要用毕生心血坚守的宝贵财富。基于此，江孜的氆氇、藏装，乃至生活、生产民俗都成为江孜人呈现给旅游者最为动情的景观。

1904年的抗英斗争使江孜赢得了"英雄城"的美名，今天江孜人对环境的保护，对文化的坚守更显现出家国情怀的深厚。

第二章　恩深难酬愧人子

——孝顺为先的行为规范

与袁枚、赵翼并称"江右三大家"的蒋士铨,在《岁暮到家》的诗中写了久别归家后与母亲重逢的情形:母亲感觉儿子清瘦了,频频询问儿子在外的辛苦,而诗人"低徊愧人子,不敢叹风尘"。通过到家那一刻母子间情感的交流,既刻画了母亲的慈爱,也通过一个"愧"写明了儿子的孝顺。"上慈下孝"是中国古代家庭努力营造的氛围,"孝"则是中国最基本的道德标准之一。在朝廷,求忠臣于孝子之门,"孝"是人才的衡量标准和选拔条件;在民间,百善孝为先,"孝"是善中之善,在道德评价中具有一票否决权。

元代产生了《全相二十四孝诗选集》这本宣扬孝道的书,毋庸讳言该书中有"老莱娱亲"这种以不情为伦纪的例子,也有"郭巨埋儿"这种让人反感的例子。尽管有这些糟粕存在,该书中宣扬的孝在今天依然被社会提倡。俗话说"羊羔跪乳,乌鸦反哺",在中国人眼里,不孝之人不如禽兽,所以在族谱和家规家训中,孝都被放在显著的地方,并在乡村城镇起到维护风化道德、教育后人的作用。

一、孝慰亲老民风淳

安徽黄山市黟县屏山村依山而建,吉阳溪逶迤蜿蜒,穿村而过。百十栋明清古建筑沿溪而建,舒氏族人在这里聚族而居。几百年来,"老对少以教,少对老以孝"的家风熏沐着这方水土,化育着舒氏子孙。

由于注重教育,北宋以来,屏山村有11人考中进士,29人成为举人。屏山村有一座祠堂上挂着"世科甲第"的匾额,这块匾额记载了一个家庭"一门四进士"的荣耀。从北宋熙宁到宣和50余年间,这个家庭有兄弟三人先后考中进士,接着又有一个后辈在宣和年间考中进士。其后代为纪念先辈之辉煌,在祠堂挂起了"世科甲第"的牌匾。

在屏山村,曾有一座跨街的"孝字牌坊"(今已被拆除),这座牌坊是明代嘉靖皇帝为了表彰舒氏孝子舒善天下旨兴建的。舒善天高中探花,不去当官,甘愿放弃功名利禄,在家中奉养年迈多病的母亲。至今舒氏后人从"孝字牌坊"里的柱基中间走过,仍会感受到"前传后教,示人以孝"的教诲。

在商业大潮的冲击下,舒氏后人依然恪守着家风中的孝道传承。舒志新二十年前在上海餐厅做厨师,在32岁放弃了大城市的生活和较为丰厚的收入,回到家乡创业。他是家中独子,将奉养父母作为自己的责任。凭着自家拥有的五亩茶园,他种茶、做茶,并在祖居"有庆堂"开起了茶馆。"有庆堂"取义于"积善人家有余庆"。"有庆堂"继承了推崇孝道、以善待人的家风,借着屏山村古朴的民居、秀美的风景,慕名而来的游客接踵而至。"有庆堂"作为屏山村保存最好的古民居之一,成为不少美术学生的写生对象。饮屏山茶,画古民居,这些学习美术的学生在不知不觉中走进了诗情画意。舒志新则在这亲近自然、贴近亲人的生活中,让父母感受到醇厚的孝养之情。难能可贵的是,舒志新及妻子给传统的孝道增添了时代赋予的新内容。在母亲做60大寿之前,舒志新及妻子送了一份大礼给父母亲,这份大礼是请父母到北京旅游。舒志新的母亲一辈子省吃俭用,舍不得花钱外出旅游,舒志新的妻子主动拿出钱来请公婆出去看看首都。这不仅显示了新时代的婆媳关系,也表现出孝顺的后辈在用实际行动改变着老人的消费观念。为了给母亲做寿,舒志新的姐姐按照传统给母亲订制了寿糕。按传统习俗,父母的寿糕应该是由女儿亲手制作,今天生活的忙碌在改变着这一习俗,但儿女们的孝心却辈辈流传。屏山村老人的寿宴不追求菜肴的奢华,寿宴好坏的评判标准是孝心够不够,具体表现为子女的心诚不诚、对长辈的祝福是不是出自真心。

舒志新姐弟不过是屏山村普通的孝顺后辈,在屏山村有不少青中年借助发展乡村旅游的机会,回到家乡,既为家乡的建设增砖添瓦,也为慰藉亲老情怀创造更多的机会。今天在屏山舒氏家族没有独居的老人,每到傍晚时分,总可以看到老人们或有子女的陪伴,或与乡邻谈笑聊天。他们在享受着天伦之乐,也享受着环境之美。今天屏山村70岁以上的老人有100多位,80岁以上的老人有20多位。"老有所养"在屏山村是与"老有所用""老有所乐"紧紧联系在一起的。

"上有老,下有小"是一种欢乐,也是一种责任。"上有老"应该养其身,乐其心,"下有小"应该导其途,教其能。要做到使长辈心情愉快最重要的是后人要能立身,要能奋发图强,努力地做好自己该做的事。前传后教,就这样通过中间的一代,沟通了老小两代,使家风能够传承。

舒氏以孝为基的家风,使后辈既能凭孝进贤,也能移孝作忠。古人往矣!仅就屏山舒氏近代而言,就有不少列入士林、为人钦仰的贤达学者。民国年间曾任九江军政府财政部长的舒先庚,将自己经商所赚的钱捐献给革命;现代语言学家舒耀宗在20世纪20年代开始研究安徽黟县方言,他与刘半农等人合著之书有很高的学术价值;哲学家舒炜光,其著作《达尔文学说与哲学》以深刻的思想、精练的语言在国内产生较大影响,1983年被国家学位委员会聘请为全国第一位自然辩证法(科学技术哲学)博士生导师。"人民艺术家"舒绣文在电影《一江春水向东流》中成功地塑造了"抗战夫人"王丽珍的艺术形象。舒绣文只在屏山村度过了短短六年,屏山舒氏的孝文化却为她走向社会、追求艺术扎下了根基。她的儿子舒兆元从小生活在北京,几十年来他常常回到母亲的故乡,收拾母亲的故居,祭奠先人。在母亲99岁冥诞时,舒兆元遵从母亲遗愿,将母亲的部分骨灰和一些遗物带回了故乡。叶落归根,舒兆元在用孝告慰母亲、告慰先人。

在屏山村,孝不需要刻意说教,一代又一代的屏山舒氏身体力行做出了榜样,后辈看在眼里,铭刻在心里。

二、尊老侍亲孝添寿

在湘西的大山深处,有这样一座奇特的小山村。说村里奇特不是因为该村保存有54栋明清古建筑,也不是该村103户村民都姓康,奇特的是在这个山村70岁以上的人才被称作老人。尽管村里人数不多,但按照该村的规矩,称得上老人的人数不少,103岁有1人,90岁以上的有18人,70岁至90岁的有60余人。当地高寿者多,除有林木茂密、空气清新、水质清纯、食物天然无污染的生态环境外,村中"孝为先,礼为重"的族规家风让老人们生活在子孙的奉养和陪伴之中。子孙们用爱戴之心、尊敬之情,造就暮年的老人们怡然自得的心态,"乐而忘忧,不觉老之将至也"。

这个村就是湖南省湘西自治州泸溪县岩门村,岩门村建村的初衷就是孝。据《康氏族谱》记载,明洪武元年(公元1368年)康氏从江西万安县迁至湖南省辰溪县,后又迁至泸溪县浦市镇康家垅。明洪武三十一年(公元1398年),康氏五兄弟分家。分家时,长子康廉将康家垅的家业让给了四个弟弟,他要的是对父母双亲的奉养机会。因父母不愿意继续住在康家垅,康廉聘请了一位风水先生,用船载着父母和风水先生,从浦市镇旁边的小溪沿溪而上,找寻父母中意的居住地。当见到两岸古树参天、浓荫蔽日的岩门村时,猿鸣鸟啼仿佛在挽留沿溪而上的舟船。康廉的父母看到一湾清溪曲折蜿蜒,像玉龙直奔沅江,善于逢迎的风水先生见康廉的父母钟情于此,遂大呼"真是一个风水宝地"。于是康廉带着父母舍舟登岸,在岩门村建起了新家,就这样康廉成为岩门村康氏的落担始祖。为了让岩门村的康氏分支烟火相续、血脉绵延、子孙昌盛,康廉立下了以孝立命安身、维系家族兴旺的家规。由于康廉以自身的孝行诠释了家规,绝大多数后代师法康廉的孝行。数百年来康氏子孙生生不息,孝道承继有后。

  在岩门村,几岁的孩子都会背诵:"言百善,孝为先。昔先祖,康志仁,闻母疾,辞官回。古稀年,路蹒跚,母过溪,子背起。子孙孝,美名传。"这首简洁、朴实的叙事歌谣讲述了清乾隆年间中举为官的康志仁的孝行,他在母亲双目失明后,辞官还乡,四十年如一日地侍奉母亲。村中溪水上只有一座有桥墩无桥面的跳岩桥,康志仁的母亲要回娘家,就必须要过这条小溪,康志仁怕母亲受到颠簸,无论严冬酷暑,每次都背着母亲涉水过溪。康志仁的孝行被岩门村村民们仿效,也激励着他的两个在外为官的弟弟。两个弟弟觉得奉养母亲的事大哥做了,自己就要为乡民们做点善事,也是为母亲积德。大弟弟出资修了一座长30米、宽2米的木桥,使村民们不再跳岩过溪。小弟弟就在村旁溪边修起了码头,让村民们能方便地利用溪水洗衣、洗菜。

孝顺者在岩门村被赞扬,忤逆者则往往被侧目视、千夫指。清康熙年间的康生其自幼娇生惯养,养成了暴躁、随心所欲、只知有己不知有人的性格。他成年后不务正业,经常打骂母亲。康氏族人在多次训诫无果后,将康生其押到祠堂内,按照族规家法处置后,赶出了岩门村,康氏族人轮流供养康生其的母亲。康生其的母亲去世后,族人在村外盖了间房子,允许康生其住在房中反省自己的不孝行径。康生其省悟后,自觉无脸见人,就在小屋中诵经念佛,借此忏悔自己的罪过,并为逝去的母亲祈福。康生其死后,小屋被命名为"和尚园",成为警示后代的地方。

岩门村有一个产生于明初、沿袭至今的独特习俗——过六月年。六月年是祭祀节日,每年小暑后的第一个巳日为开祭日,这一天外出的康氏族人都要赶回家来参拜白帝天王,与父母团聚。相传白帝天王是三兄弟,这三兄弟为朝廷出征立功回朝后,得知母亲重病在身,在得到皇帝回乡探望的允许后,他们日夜兼程回乡。走到泸溪县浦市镇时,兄弟三人已疲惫不堪并染上了疟疾,为了赶在母亲离世前到家,三人无暇治病,终于见到了母亲最后一面。三兄弟去世后,当地人感念三兄弟千里探母的故事,为他们建造了"三侯庙",并在每年6月进行祭祀。六月年最主要的祭祀活动就是感念三兄弟的孝行。祭祀结束后,村里要以户为单位分猪肉,最嫩的里脊肉照规矩要送给村里年龄最大的人。每年过六月年,岩门村村民都要请辰溪高腔戏班来演唱目连戏。目连戏是辰溪高腔的"母戏",

取材于佛经中《目连救母》的故事,从元末一直传承至今。剧中宣扬的就是孝,岩门村村民在娱乐中将孝作为寓教于乐的教材。

岩门村现在最年长的是生于1911年的抗战老兵康启唤。康启唤目前由他的小儿媳妇李成香侍奉养老。十多年前,康启唤的小儿子因病逝世,守寡的李成香担负起了家庭重担。以每天做饭而言,康启唤牙口不好,要吃软糯的;小孙子还是婴儿,饮食有特殊要求。李成香每餐要做出三种不同的饭,而且家中的田地还得由她耕作。所有的辛苦劳累李成香都无怨无悔地承担起来,为了让康启唤生活得更舒适,李成香没有将老人托付给丈夫的哥哥们,她的孝行感动了很多人,她的儿媳妇李清平看在眼里、记在心里,将她作为自己心中的楷模。

岩门村康氏将家族文化定位于"精忠纯孝",孝是康氏家族的道德追求,是康氏家族的价值标准。《康氏家规十二则》中第一则是"人伦有五,忠孝为先",《康氏家训八条》第一条是孝训:"子当孝,孝无圣凡性相同,大舜耕田杨侧陋,王祥卧冰感天公。敬父母,敬祖宗,家道自兴隆。"以孝为基来规范族人的行为,是岩门村人崇道德、厚风俗的有力措施。

三、永言孝思常敬老

时节是富春江南岸桐庐县荻浦村独有的节日,这个节日为期3天,从农历10月21日持续到23日,是该村最重要的节日。别的节日如春节、端午、中秋等都是各家过各家的,最多也就是家庭间相互串串门、相互拜拜节。在时节里,全村老小齐聚一处,共同过节。古代这个节日是在秋收之后,人们感谢天神、地神、社神一年的恩宠,庆祝丰收,并祈求来年更胜今年。由于荻浦村人遵从祖训,将"永言孝思,终身行孝"作为金科玉律。申屠氏《家箴八则》首位的"孝字箴"中更是直接指明"敬父母犹如敬天地",于是时节又成为"敬老节",时节3天的活动都围绕敬老展开。

"敬老节"仪式感极强,合族聚集祠堂祭奠祖先,并由年长者诵读家规家训,然后在祠堂里大摆宴席,宴请村中70岁以上的老人。这就拉开了时节的序幕,在3天的节日里,各种各样的庆祝活动依次有序地展开。在喜庆的气氛中不少村民抓住这节日中的闲暇,为父母长辈做寿。荻浦村做寿讲究热闹,希望有人不请自到,为做寿者添寿贺喜。

荻浦村这一独特习俗要追溯到明代中期,申屠氏族人充分发挥当地水源丰富的优势,依水源建造纸作坊,生产草纸,走上了手工业制作和经商致富之路。据《申屠氏宗谱》记载,到清朝道光年间,荻浦村造纸业兴盛异常,"农隙则造纸者十居八九,夜以继日,灯火莹上,无间寒暑"。天道酬勤,申屠氏族人用勤劳奠定了致富之基。"勤俭传家"的家训让他们用"俭"来积累"勤"创造的财富,用"饮水思源,不忘根本"的孝道传承来规范族人的行为。

以造纸致富的培佑公在光绪九年(公元1883年)建起了佑承堂,将"勤俭传家,孝悌立家"作为堂训,并将8间房用楼梯廊道串在一起,为3个儿子10多口人的大家庭的和睦相处创造条件,以便时常往来,互相进行道德上的督促。

要做到"孝"就需要不忘根本,申屠氏族人理清了本家族最早定居于荻浦村的祖先申屠理的经历。荻浦村原名范家村,主要饮水井是"范家井"。宋室南渡时,申屠氏先祖申屠理入赘范家。范家亲族对申屠理十分宽厚,加之申屠理为人忠厚勤劳,申屠氏逐渐兴旺发达。富起来的申屠理感念范家的恩情,将范家井视为父母井。随着申屠家族的蓬勃发展,到清代时,以范家井为中心,村中修建了大小宅院200余处。申屠家族认为家族兴旺的根本是范家的收留,家族兴旺的动力是自家的勤恳,家族富裕是由于节俭,子孙昌盛、家族和谐则是辈辈后人终身行孝造就。在道德规范上申屠家族不自标孤高,而是脚踏实地地从中国传统的人伦着手,以人伦关系的规范来做到亲睦宗族、和谐乡邻。

获浦村现有居民2500余人,五分之四是申屠氏族人。由于申屠氏家族以孝道为传承,敬老成风尚,其他姓氏共同维护了这一风尚。在申屠家族中,有两位受到特殊重视的孝道人物,一位是明朝的申屠妙玉,另一位是清朝乾隆年间的申屠开基。

申屠妙玉是保庆堂旁的申屠人家的大脚女儿,15岁嫁入姚家,34岁开始守寡,因婆家贫寒,无奈投奔了娘家,在娘家人的照顾下,生下了遗腹子姚夔。姚夔在舅父们的精心抚养和教导下,受到了良好的教育,通过科考最后官至吏部尚书,为官期间,一直尽忠职守。为报答母族的养育之恩,在母亲的支持下,姚夔用自己的俸禄重修申屠氏族的宗庙,并在中厅搭了一座戏台,作为舅舅的寿礼。忠于国家、不谋私利是"大孝";以自己的俸禄来报答母族是"小孝"。姚夔做到了两孝俱全,"始于事亲,中于事君,终于立身"。他的母亲申屠妙玉将戏台取名"保庆堂",后人将申屠妙玉的大脚鞋供在保庆堂内。申屠氏的女儿出嫁都要到保庆堂来拜一拜申屠妙玉,穿一穿大脚鞋,以勉励自己到婆家后勤俭持家,孝顺公婆。申屠妙玉的行为为后人做出了榜样。如今的申屠氏后人仍秉承祖训,申屠芳就是其中之一。她放弃外地的工作,回到村中照顾公婆,给孝顺增添了新的内容。她不仅在生活上悉心照料公婆,更在精神上给老人以抚慰,同时帮助做文物保护工作的公公搜集老农具、老物件,建立起荻浦村的乡村博物馆。凡是村中的独居老人,申屠芳都予以关心和照顾。申屠芳的孝举影响了村中其他的晚辈,为了让村中老人能安度晚年,年轻人们纷纷回乡盖房陪伴老人。

申屠开基是申屠氏族中公认的孝义典范,家谱中记载了申屠开基奉养父母的孝行。他为父母"冬暖被,夏驱蚊"。当父亲重病,他行走百余里山路求医问药。当父亲患疽,医生认为无药可治,他以口吮之,将脓血一一舔尽,最终治好了父亲的病。申屠开基的孝行打动了乾隆皇帝,乾隆三十年(公元1765年)朝廷批准荻浦村修建一座三间四柱五楼式的高规格牌坊来表彰申屠开基的孝举。这座牌坊和申屠开基的故居兰桂堂成为荻浦村人的孝道之源。两百多年来,牌坊和故居一直被后人维护。尤其是申屠开基的八世孙申屠德福看见兰桂堂年久失修,忧患成疾,甚至饮食都需要插管。他的儿子申屠忠君得知父亲患病之由,从北京赶回家乡,在照料父亲之余,开始了长达六年的兰桂堂修复工作。为修复堂中的木雕,他先一块一块拍照,然后根据照片进行修复。一座家庭旧居的修复,其工艺要求之严格,完全比得上国家文物修复。目睹儿子的孝举,重病缠身的申屠德福竟然能够自行进食,且经常面带笑容。在"敬老节"的时候,兰桂堂要悬挂申屠开基的画像和"一等人忠臣孝子,两件事读书耕田"的对联。今天兰桂堂也成为村中孝文化的教育基地,孝道文化的传承已蔚然成风。

第二章 恩深难酬愧人子——孝顺为先的行为规范

四、人品高下在孝敬

四川省绵竹县孝德镇年画村位于四川盆地东北部,是凭借年画绘制工艺传承千年的古老村庄。北宋庆历年间,毕昇发明活字印刷术,使整版雕刻印制年画的技术得到发展,出现了套版雕版术,新的技术孕育出中国四大年画制作基地:天津杨柳青、山东潍坊杨家埠、江苏桃花坞与四川绵竹年画村。年画村木板年画的制作技术起于宋,兴于明代,盛于清代,迄今已传承千年,并被时代赋予新的审美内容。年画村"日行孝敬,德行天下"的孝亲敬老品德也传承千年,在新的历史时期,孝亲敬老有着更为深远的内涵。

在年画村,孝道是衡量人品的最高道德标准和行为准则,孝道的内容随时代的变迁有所不同,但孝道即为对老年人的物质奉养和精神慰藉,始终未变。而且人们在评价个人时,排在第一位的标准就是"是否行孝"。清代嘉庆年间,一位读书人李藩就因为至性行孝,生受褒奖,殁得钦仰。李藩是年画村人,中举后在乾隆癸酉年(公元1753年)被选为贡生,在异地任教职训导,因父亲身患重病,李藩辞官回家照料父亲。除侍奉汤药、照料衣食外,冬天他每晚都亲自为父亲捂暖和被子,再安置父亲上床入睡;夏天他要先把蚊子从帐子里赶干净,才请父亲上床,直到父亲睡安稳,他才离开。父亲病逝后,李藩依照古礼守孝三年,早晚到墓前上香、上供,真正做到了"事死如事生"。他的举动获得乡邻们的嘉许,地方官听说后将他的孝行奏报给嘉庆皇帝。嘉庆皇帝认为以李藩之孝行,可以教化地方、敦睦乡邻,下旨赐给李藩家乡一对石桅杆,以示朝廷尊崇孝道、嘉勉孝行之意。至今石桅杆仅存一根,桅杆上镌刻着"大清嘉庆丁丑年仲秋月廿二日吉旦",村民们每逢从石桅杆下过,都会在心中重温李藩行孝之事,并以李藩的故事来教育后人。石桅杆已成为村口一景,也是孝道的标杆。

年画村有一个重要的节日,在农历8月28日,村民们会自发地聚集到姜孝祠进行祭拜。姜孝祠供奉着东汉孝子姜诗、姜诗的妻子庞三春、姜诗的儿子姜安安,被称为"一门三孝"。中国广为流传的《二十四孝》中记载着姜氏尽孝的事迹。姜诗的母亲患眼疾,在当地无法医治,姜诗就背着母亲四处求医治疗。姜诗的妻子庞三春被人诬陷,眼睛失明的婆婆听信诬陷之言,将庞三春赶出家门。庞三春理解并原谅了婆婆,依然每天做鱼汤来孝敬婆婆。姜安安为了让母亲免于饥饿,每天都从自己的口粮中省一把米,攒满一袋子后就给母亲送去。在很多剧种中都有"安安送米"这出戏,并且久唱不衰。姜氏"一门三孝"的事迹在年画村不仅是长辈教训晚辈的教材,也是每个人学习基本道德的起点。

迄今为止,年画村上至年过七旬的老人,下至垂髫孺子,都是姜孝祠虔诚的香客。年近五旬的徐世兰是将孝德风尚植于内心的虔诚香客之一,因丈夫常年在外打工,繁忙的农活、琐碎的家务、对孩子的抚育,加上照顾老人的重任,都被她一人承担。公公偏瘫行动不便,生活不能自理;婆婆患有风湿,不仅不能承担家务劳动,还经常因疼痛而焦躁烦恼。十多年来,徐世兰从未因自己的辛劳而埋怨什么,公公大小便失禁,她每天为公公换四五次干净的衣服,使公公不生褥疮。婆婆因风湿疼痛,徐世兰总是利用闲暇为婆婆按摩,来减轻婆婆的痛苦。在言语上,她和老人从未发生过争执,总是和颜悦色、轻言细语。有时候徐世兰累得脚软腰硬、头晕眼花,她依然咬牙坚持着照顾公婆,她做到了凭自己的良心来孝敬老人。尤为难得的是,徐世兰的丈夫并非是老人的亲生儿子,但她仍选择与病重的公公婆婆生活在一起,为这无法自理的二老撑起了一片天,给了他们暮年的安慰。"檐前滴水无差错,孝子生孙定必贤"这句劝孝的老话已成为年画村许多青年人尽孝的动力。

年画村一千多户家庭,王、殷、徐、陈是主要姓氏,这些姓氏的族人有的在这里落户早,有的落户晚。如王氏是清咸丰年间从西安迁居于此,尽管居民来自四面八方,姓氏也非一统,却共同信奉着这样一句道德箴言:"人生百行孝为先,父母深恩大于天。"当孝上升到道德的高度时,人们不仅受到社会的约束,并能用孝来自律,因此年画村的家庭中没有出现因为赡养老人而产生的纠纷。赡养不仅仅是物质上的满足,年画村倡导的孝还包括接受父母的教诲。古训云:"父母所为,恭顺不逆。"就是要求人们恭敬地去完成父母对自己的要求。

陈兴才是绵竹年画的南派传人,其二子陈云禄起初对年画制作毫无兴趣。在父亲的劝说下,他走上了学习制作年画的道路。一方面他要克服年少好动、坐不住的习惯,另一方面他要接受父亲近乎苛刻的严厉教导。每道工序父亲只教一遍,他在学时一点也不敢分心。父亲要求他每天必须完成一百张年画的着色,不合格的不能超过三张,他每天练得手连筷子都握不住。"父母命,行勿懒",在父亲的言传身教下,陈云禄成为南派年画的继承人,并在内容和形式上均有创新。除专业上的进步外,陈云禄在学习上能做到"父母命,行勿懒"也是一种孝顺。

在年画村,正月初九是"孝亲节",子女们要给父母买一双"孝亲鞋",并亲手为老人穿上,祝愿老人平平安安、舒心满意地走过一年又一年。绵竹农谚中说"要长寿,吃羊肉;要健康,喝羊汤",冬至节熬的羊汤被称为"福寿汤"。每逢冬至,年画村的村民们都会很早起来为父母精心熬制一锅"福寿汤"。"福寿汤"的习俗已延续了数百年,还将继续延续下去。正如村中人们继承的"崇孝养",不仅被后代继承,还将发扬光大。

第三章　礼让为先非我弱

——谦恭有序的待人之道

《论语》中有"礼之用,和为贵"的先贤训诲,《弟子规》中有"或饮食,或坐走。长者先,幼者后。长呼人,即代叫。人不在,己即到。称尊长,勿呼名。对尊长,勿见能。路遇长,疾趋揖。长无言,退恭立。骑下马,乘下车。过犹待,百步余。长者立,幼勿坐"的规诫。先贤训诲指明了礼的核心和遵礼后能达到的目的,规诫则针对饮、食、坐、走等不同场合和不同年龄段提出了守礼的具体表现。在中国,即使是寒门小户也非常注重以礼待人。

"刑不上大夫,礼不下庶人",历史上有统治者将刑与礼作为治理社会不同人群的工具。实际上,无论是对于大夫还是庶人,礼都是在潜移默化地发挥着作用。礼从和谐社会关系、遵守共同规则、建立道德秩序诸方面都发挥着重要的作用,且随着时代的发展而发展,社会不同阶层通过共同的礼仪交往。同时,大家也用共同的礼来评价个人道德的优劣。

一、礼和四姓古村昌

始建于宋室南渡,西山岛腹地的明月湾村历千年从未发生争斗,淳朴的民风、和睦的乡邻与36000顷太湖碧波辉然相映,让人远眺生游览之意,近观留依恋之情。

靖康年间,邓、秦、黄、吴4个家族的先祖为避黄河流域的战乱随宋高宗南渡,他们携家带口来到了湖山阻隔、兵火罕及的岛上居住。4个家族的先祖都具有洞见世情、深谙人心的战乱经历,为使不同姓的移民们能消除地域的差别、习俗的差异,能在共同利益的基础上和睦地共处一村,他们共同制定了以礼相处、人和高于一切的村规民约。在以"和为贵"作为评价标准的明月湾村,无争是一种社会状态,更是一种居民心态;"大事化小,小事化了"既缩小了分歧,也化解了矛盾,为无争创造了条件。正因如此,一千多年来明月湾村无争斗、无诉讼。这与该村所处的相对封闭的环境有关,在村中生活的4姓村民继承先祖遗训,由尊礼守礼而至彬彬有礼,使该村出现了堪称示范文化的礼义文化。

在黄氏的祠堂大门上,横匾为"敬宗睦族",其义为尊敬祖宗,使家族和睦。在祠堂里有这样一副教人做人的对联,上联为"心气和平事理通达",下联为"德性坚定品节详明"。只有心平气和才能够做到通达事理,才能静下心来把事情做好。做人贵在坚持自己的品德,在人品和节操上既要注意大节,也要注重细节。

孟子曰"天时不如地利,地利不如人和",孟子以此说明在战争中人和是最重要的因素。明月湾村以一千多年的村史证明了在和平的环境中,在人与人之间还存在利益差距的时候,人和是高于一切的标准。以此为标准树立的道德准则可以内睦宗族、外和乡邻,从而实现人与人的和谐,人与社会的和谐。

自然条件的优厚为明月湾村提供了自给自足的物质条件,杨梅、枇杷、柑橘是畅销周边的水果,湖鲜更是供不应求。经济上的富足和传统的农耕生活使人们很长时间安土重迁。4姓先民居住在此难免有磕磕碰碰、口角纠纷。天长日久,小纠纷处理不当,则大矛盾会层出不穷。聪明的4姓先祖在定居于此时,以"礼之用,和为贵"来要求族人、教导子孙。当发生争执时,则以和息争,以劝改执,而且形成了一种"喝讲茶"的习惯。在"喝讲茶"时,请村中双方都认可的德高望重、明白事理的长辈在村里找个地方喝茶。发生纠纷的双方一喝红茶,一喝绿茶。双方在喝茶中谈谈过程,讲讲道理,然后由请来的长辈公议、调解,双方达成一致了就握手言和,将两种茶调和在一起,大家一起喝。这样既避免了打官司要花钱,也避免了打官司伤和气。"喝讲茶"是一种地方自治形式,它是以道德判断为尺度,议是非、判曲直,达到调解纠纷、息事宁人的目的。"喝讲茶"所得出来的道德评判往往胜过官府的判决,具有很强的威慑力。邻里纠纷、家庭失和在琐碎的日常生活中不可能绝对避免,传统的"喝讲茶"作为一种调解方式往往能圆满地解决问题。近年来,有些社会学者将"喝讲茶"的传统作为儒家齐家的重要手段之一,这种观点颇有见地。由于"喝讲茶"之风在明月湾村一直延续,一千多年来,明月湾村从未有一起民事纠纷升级为刑事案件。

随着老式茶馆的消失,依托于老式茶馆的某些习俗也在消失,"喝讲茶"已不再是调解民事纠纷的唯一方式。村中威望高、明事理的老人往往被称为"老娘舅",成为纠纷双方都愿意尊重的调解人。近80岁的吴剑明是大家公认的"老娘舅"。礼和堂是乾隆四十八年(公元1783年)修建的,是一座占地450平方米的建筑,天长日久房屋残破,亟需修缮。它现在的主人吴惠强一个人不具备修复的能力,他打电话与在上海的兄长商量,其兄长既不愿回来,也不愿出资修房,兄弟俩在这个问题上闹起了矛盾。吴剑明从应怎样对待祖先遗产的角度给两兄弟做了工作,并依照2005年政府开发保护古建筑的政策,让吴惠强兄弟俩出租老宅的产权,由政府出资维修。最终破旧的宅院修葺一新,兄弟俩每年还可以得到一笔租金,本来闹得"反贴门神不对脸"的兄弟又重归于好。无论是昔日的"喝讲茶"还是今天的"老娘舅",明月湾村村民始终懂得人与人之间相处要以和为贵。这是明月湾村村民愿意遵守的做人基本准则。

"以和为贵"见之于明月湾村4姓家训。《秦氏家训八条》中"一曰敦孝弟,二曰睦宗族"前两条即强调兄弟之间、宗族之间要和睦。秦氏家族理解为"和气乃众合,合心则事和""万事和为贵,家和万事兴"。

要做到"和"就要不争,不争的前提是要懂得礼让。《吴氏家训》中明确指出:"君子恭敬,撙节,退让以明礼……以阳礼教让,则民不争。"家训中又引用孟子的话"辞让之心,礼之端也"。4姓先祖以礼教化后代退让以明礼,由退让再到辞让,即由被动守礼发展到主动遵礼,这样就取得了风俗醇厚的教化成果。

风俗醇厚的村民们自觉地维护着村里的公益建设,村中用5000块金山条石铺筑的石板路是村民自觉集资修建的,下面1米多深的排水沟是村民们按户摊派劳力修筑而成。在村中遭遇过一次洪水后,4姓族中老人共同议决,为给村里修好泄洪设备、排涝设备,凡在外经商者将每笔生意利润的5‰提交出来,作修建费用,村中人都竞相交纳。这些行为都体现着"和气乃众合,合心则事和"。"众合"指的是众人想到一处,力用在一处,事情自然容易办成。明月湾村在处理纠纷、调解矛盾、维护公益事业等方面都显示了道德转化为公共舆论后会产生多么巨大的力量。

二、睦邻助人倍相亲

除了国家法定节日和蒙古族的特殊节日外,地处辽宁省阜新市的蒙古族聚居地查干哈达村,还有一个独有的"村节"——惠音巴雅尔,其义为睦邻节。睦邻节每年一届,从1808年至2018年已有210年历史。1808年,该村不少新生儿感染了天花病毒,疫情迅速在村中蔓延。为了控制天花疫情,全村人团结如一人,你帮我助,相互照顾,以"不独亲其亲,不独子其子"的博爱精神战胜了天花,显示了"不是亲人胜似亲人"的邻里感情。从此查干哈达村将每年农历10月15日定为"睦邻节"。"睦邻节"旨在传承邻里相亲、守望相助、互动和谐的理念。

在"睦邻节",查干哈达村村民都要身着民族盛装,祭拜祖先。23个姓氏的祖先牌位被供奉在白色的莲花塔中,查干哈达村的先人们之所以将全村姓氏的祖先牌位供奉在一起,是为了告诫子孙:村民们虽不同姓同宗,却和如一家。祭拜祖先后,全村人要颂念《妙法莲华经》,祈求祖先保佑村民健康平安。

查干哈达村23姓居民的先祖都是由外地迁居而来,和谐、团结、友爱始终是该村辈辈村民遵守的道德准则。根据这个道德准则,衍生出许许多多的民谚,如"和谐为贵,团结为贵""不要凡事都讲究报酬""左右邻居、前院后院要团结好,什么事情都能做成,什么钱都能自己来""我们不求什么样的好运,但只求有两个好的邻居""有一个知心的那科尔(朋友),就百事都顺承"……这些民谚有的体现出心灵的善良,有的体现出友谊的崇高,有的体现出对感情的尊重,有的体现出对美好生活的追求……总之,查干哈达村村民们将和谐、和睦摆在崇高的位置上,以敬老爱幼、知恩报恩、舍小为大的精神,构建了以善为本的和文化。

查干哈达村村民没有族谱,也没有家谱,但通过"睦邻节"的传承和口传的村训、家训,不少训诫后代做人的道理都被传承了下来。

第三章 礼让为先非我弱——谦恭有序的待人之道

如"寻找食物不如寻找团结,寻找财物不如寻找友谊""邻里之间亲如兄弟"就是在告诫后代要懂得睦邻的重要性。村民们将自己从生活中领悟到的朴素的真理写在门口的对联上,如"吉祥幸福的家庭,和谐向上的住所",横批"幸福邻里";"幸福永恒的夫妻,阖家致富的伴侣",横批"夫妻和睦"……横批"幸福邻里"点出了邻里的幸福和自己家的幸福息息相关,横批"夫妻和睦"则强调了和睦在家庭关系中的重要地位。

出席"睦邻节"筹备会议的是由村里各姓氏中最年长的人组成的"老人会",村里的大小事务都由"老人会"民主公决,"老人会"是村中的平衡和协调机构,现任老人会的会长就是前任村支书白宝山。在筹备会上,大家讨论了煮"圣粥"要准备的食材,讨论了大致的参会客人人数,单独统计了村中行动不便的老人有多少,并安排落实由"老人会"成员送"圣粥"上门,做到"不落一人"都能吃到"圣粥"。

对村民的纠纷,"老人会"的原则是"一家有事,百家帮"。白宝山曾为一对离婚的夫妇多次奔波,费尽口舌。10年前,村民齐秀珍不顾丈夫的反对开饭馆,生意失败,赔光了所有投资,在外打工的丈夫丁志国认为自己打工的钱无法填平这个窟窿,一气之下提出离婚。本来就非常懊恼的齐秀珍赌气与丈夫离了婚。白宝山多次到25公里外的齐秀珍娘家做工作,告诉齐秀珍她的公公、婆婆为她守着家,给她干着活,喻之以理,动之以情,终于让这对夫妇重归于好。夫妻二人复婚后,经营了村中第一个农家院,日子过得十分红火,至今两口子仍感谢白宝山的苦口婆心,将"家和万事兴"常挂在口边。

"睦邻节"有一个非常重要的内容:邻里间有过矛盾、有过纠纷,都要在"睦邻节"期间主动化解矛盾,互相道歉,"睦邻节"当天是最后的期限。村民阙福平多种了邻居的0.3亩地,在邻居指出时,他还骂了人家,事后查阅底账,他才发现是自己的过错。在"睦邻节"这天,他带着酒菜到邻居家,献上蓝色的哈达,承认错误并请求原谅。邻居接受了他的道歉,并按查干哈达村的规矩"到家就是客",将他留下用酒菜招待。这种化解矛盾的淳朴方式,使查干哈达村几百年来没有发生过任何刑事案件,这是睦邻文化力量的体现。睦邻文化的核心是睦,睦就是高看对方,低看自己,相敬互谦。做到了"睦"就能"斗殴不兴,邻里襄助",就能在偏僻的、远离城市的小村落里培养出更多的人才。查干哈达村只有170户人家,在新中国成立后培养了174名大学生。这些走出去的查干哈达村人贡献给社会的不仅是自己的学识,还有从查干哈达村传承的乐于分享、互敬、互帮的睦邻精神。

三、情恕不欺和为贵

地处湖南永州市的涧岩头村是合族而居的周家人,族谱中写了400多年前第一户周家人迁居于此。始迁先祖带着对祖居旧地的眷恋,带着在新的环境构建新生活的梦想,带着自北宋以来耕读传家的生产、生活经验,来到这块陌生的土地。周氏先人面对陌生的自然环境,面对未曾接触过的陌生原居民,他们以从家训家规中形成的道德原则凝聚了家族的力量,从而开拓了新的生活。现在800余名村民在凤凰山下构建了一个小小的和谐社会。

周氏家族源于湖南道州(今道县),是"北宗五子"之一号称"濂溪先生"的周敦颐的后代。周敦颐在学术上开宋代理学之风,提出了无极、太极、阴阳、五行、动静、主静、至诚、无欲、顺化等理学基本概念。他在自己的修身方面和家族的秩序构建上体现着主静、至诚、无欲、顺化的理念,形成了周氏后代在实践中发展的道德原则。这些道德原则体现了涧岩头村周氏家族的共同追求,维护了周氏家族的繁衍生息。

周敦颐主张的道德原则体现在他著名的散文作品《爱莲说》中。他认为君子应具有"出淤泥而不染,濯清涟而不妖"的高尚品质,无论身处什么环境都不沾染污垢,也不自标孤高、炫耀卖弄。将这种品质放在与人相处的社会群体中,就形成了和而不同的为人处世标准。做到"出淤泥而不染"就不会受他人影响、刁唆、利用,越轨违法、触犯纲常、伤风败俗。莲喻君子,周氏家族均以君子的标准来要求自己,在周家大院檐柱的装饰和台基、柱础的雕刻上均以莲花为主,是铭记周敦颐的教诲,也是道德上的自律。唐代诗人杜甫在《丹青引赠曹将军霸》一诗中写道:"将军魏武之子孙,于今为庶为清门。英雄割据虽已矣,文采风流今尚存。"以周氏子孙比曹氏子孙,周氏子孙继承的正是周敦颐提出来的道德原则。

周氏家族的道德原则通过家规十六条体现出来,"和"是家规的核心。"和"要先从兄弟间做起,"弟兄者,形分而气同者也。古人比之手足,则一体矣。天下有一体而歧视之者哉。今之人或听妻妾谗言,而祸起萧墙,外侮乘之,以孤立致败。或争夺家产,遂构讼端,尽以其财输之官,而子孙世为仇敌。夫甘受外侮之凌辱,而仇视其兄弟,财产尽输官史(吏),而兄弟则不让丝毫,非时(失)心丧理,何以至此。凡我族人有兄弟争斗者,族长好言规戒之。构讼者,族长陈说利害以排解之。务使兄弟和睦如初乃已"。家规指明当祸起萧墙,会导致"外侮乘之",会使兄弟间子孙世为仇敌,因此必须使兄弟和睦如初。在"和兄弟"的基础上,进而实现"睦宗族"。从上几辈人算起,同宗之人就是兄弟,要用对兄弟的态度对待族中之人,"敬祖必合宗,合宗必收族"。兄弟、宗族是同姓之人,在同姓之外,还要做到"亲邻里"。邻里比宗族要疏远,但由于"宅居相近"因而形成了婚姻联系和朋友交往。邻里间应该"出入相友,守望相助,疾病相扶持"。家规中指明"亲邻里"的原则是:"邻里有争斗,则解之;有缓急,则救之;年高者,尊敬之;幼者,慈爱之;其或刁生是非,使邻里不和者,族长其责斥之。"

以和为贵解决好亲人间、亲戚间、邻居间的关系,这是周氏族人处事为人的基础。在日常生活中人们难免有利益上的冲突,口角上的言语交锋,处事上的矛盾对立。这些纠纷可大可小,周氏家规要求弭纠纷于无形,大事化小,小事化无,故而提出了"戒争讼"。"讼则终凶,鄙语云:赢了官司输了钱。又云:让人百步不为欺。凡事一经告官,刚(则)进词有费,坐堂有费,检批有费,合式有费,门上有门上费,房有房费。差费所争无多,所费甚钜。破家绝产尚不能支,受答责结仇怨尤其后也。横逆之来,君子所以直受不报。凡我族,小人忿,自可相忍。即有大不平之事,庭中理论。至再至三俱无不可。况以了衙门规费取以予人,则何争不可息,何怨不可解。动经官长,受无尽折磨,取无穷耗扰,后虽悔之晚矣。情恕理遣,为息讼良方。族中有刁唆是非者,族长以家法治之。"这就是一篇论述打官司的危害的"论文",从打官司花费钱财入手,进而阐明打官司伤害感情,且"结仇怨尤其后",又从道德的角度指明了"让人百步不为欺",并提

第三章 礼让为先非我弱——谦恭有序的待人之道

出了"情恕理遣,为息讼良方"。纠纷双方从感情上互相原谅,做到以理服人,这官司还打得起来么?息讼不是不解决矛盾,而是将矛盾和纠纷通过调解的形式化解开。周氏家族将矛盾双方请到祠堂,族长或者族中长者居中,当事双方各站两边分述其理,然后由族长和长者辨是非、明曲直,并在双方接受的基础上调解。这种方式直至今天,依然有其存在的价值。

周氏家族有重视教育的传统,小小的村庄曾经有过四个私塾,基本做到家家有书房。周氏家族在家规中要求"立斋塾",并指明:"四民首士,子孙虽贫当习诗书。无斋塾,则不能延师。无师,则无教。无教,则礼义廉耻之道亡,而悖理伤化之事作矣。斋塾既设,子弟之聪颖者,固可望其有成,即愚鲁之资,亦可渐开知识,国家一理,古人所为,设为庠序学校之教,正此义也。"这里的"四民首士"依然是"士农工商"的排列顺序,在今天已无意义。"虽贫当习诗书……无教,则礼义廉耻之道亡,而悖理伤化之事作矣。"强调了教育的重要性在于不仅学习了知识,且培养了道德。

周氏家规中还要求"务本业",戒游手好闲;要求"崇节俭",戒铺张浪费;鼓励"恤穷民",通过义举善行"庶几穷于天者,不至复穷于人"。

周氏家规是治理家族、培育子孙、和睦乡邻、处世为人的传家至宝,综观其家规可以看出周氏先祖希望其后代能充分实现孟子推崇的"君子三乐":"父母俱存,兄弟无故,一乐也;仰不愧于天,俯不怍于人,二乐也;得天下英才而教育之,三乐也。"自明代以来,周氏一族用家规约束族人,从未出现过亲族间的财产纠纷和与周围乡村的争斗,更未发生过刑事案件。毋庸讳言,周氏家规中过分强调尊卑有序、内外有别,这虽是对传统礼制的尊崇,但也是某些陈旧思想的残余。现在周氏家族将其族规改变为"敦宗睦族,和谐共处,团结乡邻,友善往来",这也是时代带来的进步吧。

四、守规遵约德自高

"平山不平,井陉无井",在太行山南麓一处自然环境较差的井陉有一个号称"石头村"的于家村。说该村环境较差,是因为这里地势过高,地下水位太低,先天水源匮乏。于氏家族能在这里繁衍生息,一方面是因为家族先人们通过艰苦劳动,对自然环境进行了改造;另一方面更重要的是,于氏家族以礼定约,遵德制规,数百年来于氏族人守规践约,既保护了自然环境,使之能持续发展,又形成了良好的村风民德,用良好的社会氛围维护着当地的安定团结。

走进于家村,在石头铺筑的街巷中,人们会看到一块块刻着村规民约的石碑矗立着。这些石碑无声地诉说着村民的共同追求、共同的行为规范,同时还有着丰富的历史文化内涵。村中有一块康熙年间所立的《禁山林碑》,该碑是为了保护南山的树木而立,碑文上写道:"林乃村之瑞,茂以兆人兴,故吾始且留得南山与青山洼为禁林区……禁牛羊,禁山火,绝砍伐。如有违约者,毁一罚十;纵火者,如违约不认罚者,绅耆乡甲逐出村外。"这既是在南山的行为规范,又包含了对违反该行为规范的惩罚条例,惩罚条例严格且具可行性。正因为有了这样严格的条例,300多年来,南山从未发生过在林中放牧牛羊、偷砍树木的事件,更没有发生过山火。不难看出《禁山林碑》是从治"恶"的角度来导民向善,其实践作用远超过劝善。

与之相似的是,清乾隆三十九年(公元1774年)所立的《柳池禁约》碑也是从惩治违约违规的角度来维护共同的行为规范。其碑文云:"立柳树坑禁约人于怀强窃思:日久坑深,则挖池不力;门多人众,则取水不公。今约后昆,每年挖池,按门出工。除独夫、孤子、寡妇、病家外,有失误者,一工罚钱五十。每家吃水许一瓮,取冰许两担。有多积者,一瓮水罚钱五十,一担冰罚钱二十。如有抗违禁约不出罚钱者,便非正子孙。至于外人偷水者,便是后昆奸生子。与人送水者,便是后昆妾生儿。有见之徇私者,罚如之。一切罚钱,池中公用。此照。"碑文写明了挖池的照顾对象,每家的取水限制,对违约、误工之人的处罚尺度,也从侧面显示了该地水资源匮乏的状况。

村规民约除维护自然环境外,还有助于纠正不良风俗。刻制于光绪年间的《整饬村规》碑,碑文中指明"从来里中之害,莫有甚于赌博者,或类取明赌,或勾引良民窝留暗赌,耗资荡产种种匪事,皆为之败风坏欲。"一句话强调了赌博危害之严重。为杜绝赌博,在"集合村人商量禁之"的前提下,大家规定了详细的处罚之法:"有开设赌场群聚玩钱者,一经查出,罚每人写戏一台,歌舞三日。捉获脱逃,罚坐本族,无近枝近叶,罪坐邻佑,外来赌匪,罪容坐容留。"聚众赌博者,罚"写戏一台,歌舞三日"。对于被抓获后逃走的赌徒,本族代他受罚。对没有近枝近叶亲族的赌徒,邻居都要受牵连被罚。这个村规的处罚方式很奇特,不罚钱,罚赌博者写戏和唱歌跳舞。写戏要钱,唱歌跳舞既花时间,也花钱。除了经济上受损外,这种处罚方式会让赌徒臭名远扬,从舆论上谴责了赌徒,从而使人产生一种怕被他人背后指点的道德上的恐惧。

村中还有《建校碑记》《修道碑记》《祖德实录》等多块碑刻,这些碑刻记载了于氏家族世世代代生产、生活、祭祀、教育、文化等各方面的规约,反映了以村规民约为舆论导向、为道德评价、为行为规范的乡村文化。

以罚为导向,以治恶为手段,来实现教化是于家村村规民约的特点。于家村在重视村规民约的同时,同样重视文化娱乐的劝导功能。于家村在清末就成立了乡土剧团,且村中有六座戏台,经常演出的是宣扬清廉自律的传统晋剧。至今村民在冬天农闲时,仍然自发进行排练、演出。

于氏族人以祖先于谦为荣,将于谦《石灰吟》中"要留清白在人间"的清白二字刻在心间,挂在口上。"做人要清清白白守规矩,贪便宜的事一两一钱也不行。"这是一个普通村妇尹四妮常说的话。60多年来她是这样说的,也是这样做的。她负责村中小祭的面供制作,每年都由她先垫付面粉钱,祭祀结束后,由她报账报销,她从来都实事求是。于氏族人中外出做事的不少,都遵循着祖先不被他人说长道短的优良传统。于谦在《入京》诗中写道:"手帕蘑菇与线香,本资民用反为殃。清风两袖朝天去,免得闾阎话短长。"用清风律己,是于氏族人遵规守约、敬祖崇德的表现。

第三章 礼让为先非我弱——谦恭有序的待人之道

第四章　怜孤救贫仁义存

——济世利人的处世态度

鳏寡孤独是人群中不幸的个体,水旱瘟疫是自然带给人类的灾难。人类的苦难还因人类社会中的尔虞我诈、钩心斗角、烽火战乱而加剧。人在苦难中希望得到救助,在屈辱中希望受到尊重,在欺压下渴望得到公平,能以个体力量或群体力量使这些希望得到实现,被人称之为"义"。可见义是一种给予他人帮助的美德,要给予他人帮助必然要放弃自己的某些利益,即能够"舍",故孟子曰"舍生取义"。

　　义是一种救助他人的处世态度,义的出发点是同情心、怜悯心,是设身处地为他人着想、急他人所急的表现。有的人将侠与义连在一起,用侠义来称赞那些路见不平、拔刀相助的行为。看看鲁迅对侠客的评价,看看金庸所言"为国为民,侠之大者",则不难理解侠义是一种文学形象的泛化,与作为道德的义是有一定距离的。简言之,能舍弃自己的某些利益去帮助他人,就是义。

一、吮毒救人不受报

　　"无情又无义,种瓜不结蒂",这句老话一直在湘西古丈县的老司岩村流传。情发于自然,义是同情心的自然表现。老司岩村21个姓氏的家族用这句话规范着自己的行为,风雨百年,守望相助,并对外来求助的人予以援手,因此了解老司岩村的人都称这个村重义。

　　2014年12月10日,在古丈县一家养殖着1万2000条五步蛇的养蛇场中,正在取蛇毒的罗采亭被毒蛇咬伤了左手的虎口。民间认为蛇咬伤虎口谓之"龙虎斗",得不到医治会丧命,医不断根会致残。要得到彻底的医治,必须找老司岩村的民间蛇医"黄老七"。

"黄老七"本名黄自治,已年近七旬,当罗采亭被抬到他面前,他立刻进行救治。黄自治捧起罗采亭已经肿胀发黑的左手,用嘴吮吸出蛇毒,再敷上按祖传药方配制的药膏,经过救治,罗采亭转危为安。黄自治从17岁起就跟着哥哥义务地给人治疗毒蛇咬伤,50余年来,他共治愈了150余人。他的义举是个人所为,也是在遵循老司岩村流传数百年的义字传统,义务行医就是老司岩村的义举之一。

治毒蛇咬伤,第一步是吮吸蛇毒,每吸一口嘴里就会接触到有蛇毒的血液,一直要吸到血液见红才能敷药。黄自治每次救治他人,都必须吮吸毒血。不到45岁时,他上颌的牙齿就已开始松动,接着牙齿开始脱落,至今连白齿都已经脱落了。即使这样,黄自治依然坚持救治被毒蛇咬伤的人。他挂在口边的话是:"人行医要有医德,要以德为本,我们一不是讲钱,二不是讲财,就是要讲个义。义字当先,祖祖辈辈往下传。"黄自治救治他人,不收他人钱财礼物,甚至连水都不喝一口。有的病人被抬到他家,他还照顾病人吃喝,将人治好了再送回去。

久而久之,老司岩村的义被村民们神话化了,村民们将村前一棵500余年的柏树称为"白大夫"。相传100多年前,酉水河下游地区发生了一场瘟疫,无数人染上瘟疫病倒。一位须发皆白的郎中在瘟疫流行的村寨游走施药,为人治病,许多生命被挽救。人们纷纷打听救命恩人的姓名籍贯,他只说:"我家住在老司岩村后山,家里有三兄弟。"人们到老司岩村后山寻找恩人,却发现后山并没有人居住,更不用说姓白的人家,只有一棵有三个大枝丫的历经沧桑的老柏树。就这样,这棵古柏成了仗义救人的老司岩村的标志,老司岩村的村民在颂扬古柏树化身"白大夫"治病救人的义举时,也用"白大夫"的标准在要求自己,并将老柏树作为村里的神树,每年冬至祭拜。

义的精神贯穿于老司岩村3个民族、21个姓氏的家训家规中,义的行为传承于由明至今的老司岩村的百姓中。从明代起,随着商业经济的发展,武陵山区出产的桐油、木材从老司岩村码头装船运往外地,南北杂货也从这里上岸销往山区的九寨十八洞。这里在很短时间内就聚集了近4000居民,以张氏和米氏的人口居多,有"张三千,米八百"的说法。另有十几个姓氏,各姓氏各家族自立山头抢地盘、争码头,摩擦不断。长期的内耗让当地人逐渐认识到要想安居发展,就必须以义为先,而不是以利为先。一个黄姓异乡人的进入使老司岩村形成了帮扶救助、顾全大局的道德准则。据《黄氏家谱》记载,400多年前,黄氏先祖黄大荣为躲避瘟疫,沿酉水辗转来到老司岩村,早已定居于此的米家收留了做斗笠生意的黄大荣。黄大荣为人仗义,结交广泛,生意做到了成都、武汉等地,家族人丁兴旺,不久就成了当地的第一大户。他感恩米氏对自己的接纳帮扶之义,发誓要将米家人的接纳帮扶之义变为后代为人处世的传统。《黄氏家训》中涉及义的内容很多:"彰公道"中要求"不可挟私嫌,不可因私利而颠倒是非";"恤贫困"中列举了鳏寡孤独应该受到怜悯,"族人须竭力赈其厄",对乡邻要做到守望相助、"缓急必互助"等。除了黄氏将义纳入族训,其他姓氏也用相近的语言将义作为为人处世的行为规范写进族规。由于义成为老司岩村连接村民心灵的道德纽带,这个人数众多、资源有限的山村没有出现争田、争地、争水的纠纷,而是互相谦让、互相帮助,每个村民都能感受到邻居们的善意。

汉朝时有梁上君子的故事,而老司岩村看重义的村民做出了比汉代大儒陈寔更导人向善的义行。村民黄儒臣在除夕夜发现家中来了小偷,家中有人要抓住小偷惩罚他。黄儒臣认为,如果不是走投无路,谁会在除夕夜偷盗呢？我们应该"解人于危难,救人于贫困"。他叫出了小偷,留小偷吃了一顿饭,还送了一些钱给小偷,要小偷改恶从善、自力更生。小偷以黄儒臣给的钱为本金,最终经商致富。

2014年初,村民彭程家凌晨突发大火,村支书马上组织了4辆车、89个人参与救火。扑灭大火后的一周内,村民集资5万余元,帮助彭程重建房屋。村民们认为亲帮亲,邻帮邻,有什么困难大家都应该齐心协力、互帮互助。

村民重义,也希望义能被子孙后代传承下去,他们并不是用说教来传播义的道德价值,而是用艺术的形式和各种民俗活动来进行传播。每年冬至,老司岩村村民会表演厄巴舞。"厄巴"是猴子的意思,该舞是老司岩村的祖先们根据猴子的动作编排的舞蹈。老司岩村附近的酉水河边生活着一大群猴子,相传猴子们以前很不团结,割据山头纷争不已,经常被老虎、豹子、毒蛇等猛兽欺负。无奈之中,猴子们抱团取暖,团结一致对外出击,从此再也没有被猛兽欺凌。祖先用厄巴舞告诉后人,老司岩村山高路险,想在这里生存下去,就必须以猴子抱团为榜样,通过义的纽带,将村民团结起来。除了跳厄巴舞,冬至节村民们还要一起做"义字粑粑"。每家每户都拿出一定量的糯米,女人们将糯米洗净、泡好,放在大木桶中蒸熟。男人们合力搬来一年只用一次的大石臼,然后将蒸熟的糯米放在石臼中用木槌捣成糍粑。捣糍粑时，村中每个姓氏都要派一个代表参加。糍粑捣好后，村民们将其放在刻有"义"字的模子里成形。"义字粑粑"是由3个民族、21个姓氏共同制作的食物，象征着仁义之情凝聚了大家。

"人有义，石有根，人有情义心连心，石与大山一条根，人无情义无人亲。"老司岩村的人唱着这首山歌，用他们的义行阐释着老司岩村的文化品格。

二、医术济世仁义存

浙江丽水市松阳县杨家堂村有90%的居民姓宋，其迁居始祖宋显昆在顺治十二年（公元1655年）定居于樟交堂，由于方言音变的缘故，后改为杨家堂。宋显昆迁居杨家堂村后的70余年，宋家族人以卖柴、狩猎为生，生活困苦。但良好的家教使其曾孙宋宏堂以其道德上的义举带来了家族命运的"奇变"。

宋宏堂5岁丧父，母亲蔡氏抚养着他和他9岁的兄长宋宏资。由于请不起塾师，蔡氏只好白天干活，晚上教俩兄弟读书。俩兄弟知书达礼，年龄稍长，以耕田为业，农闲时则伐薪砍柴，换几个油盐钱。

一天，宋宏堂挑柴进城，在歇脚凉亭拾得一只钱袋，内有2000两银票和一些散碎银钱。宋宏堂不以得意外之财为喜，反替失财之人担忧，坐在凉亭内苦苦等候失主。许久，宋宏堂见一人惶惶然东寻西找，在查问之后，认定此人为失主，当即将钱袋归还。失主要以重金感谢，宋宏堂毅然拒绝。失主是衢州人氏，是木材商行的老板，看重宋宏堂的品德,让宋宏堂到他的木材行当学徒。跟随老板学习数年之后,宋宏堂征得老板同意,自己也开了木材行。宋宏堂曾数十次贩运木材到杭州,并入股杭州南星桥"松茂板行",成了股东老板,最终成为松阳的木板巨商大富。

发财后,宋宏堂依然节俭,但在从事慈善事业、教育事业上从不吝惜。宋宏堂"于省治者前后数十年,家业渐盛,田宅日增,于是捐国学、造桥梁千金有所不恤,作船渡倾囊而亦无辞",并且"念村中子弟幼少失学者,则延师教,令小村歌诵之声彻于山谷"。他造桥、铺路、设义渡、办义塾的义举为乡人所见,被官府表彰。松阳知县张纲用"泽流桑梓"的牌匾以示嘉奖。

更为难得的是,宋宏堂不但自己以义行表达仁爱之心,还要求子孙传承下去。想到村人缺医少药之苦,宋宏堂让儿子宋德焕学习医术,用仁心、行仁术,发扬"不为良相,便为良医"的传统。宋德焕不负父亲所望,不仅医术高超,而且医德高尚。清道光年间,松阳县突发瘟疫,宋德焕四方出诊,"免费送药,无不应手而愈"。宋德焕的儿子宋凤飞以继承父业为孝,以阐发父亲的义举为仁。他每天早上出门都要绕村巡视一周,看到家家烟囱冒烟,他才心安理得地坐堂行医;如看到哪家烟囱未冒烟,他一定会上门问询,了解村民是不是生了病、是不是生活困难。遇到这两种情况,他行医送药分文不取,还在生活上、经济上给予补助。若是村民因夜间嬉戏,清晨懒起,他必定正色劝诫。宋凤飞及其子孙在杨家堂设"中药楼",施医行善120余年。

现"中药楼"已经坍塌,但宋氏的行医、行义之风仍在传承。宋氏第20代子孙宋昌存是我国知名的人体寄生虫和血吸虫病专家,是浙江医学院(现浙江大学医学院)寄生虫病研究所所长、教授、研究员、硕士生导师,兼任世界卫生组织蠕虫病研究合作中心主任,著有《肺吸虫病》和一些与寄生虫病相关的论文,1992年获国务院突出贡献表彰,并享受政府特殊津贴。宋昌存的长子宋康从事呼吸系统临床基础研究,父亲对他最大的影响是:医者要诚实。宋康对病人总是实话实说,从不对病人和家属打无法实现的包票。多年以来,宋康利用闲暇时间,在农忙后给村中老人免费体检,实在忙得脱不开身,就委托侄女外科医生宋珈回乡给村中老人体检。每年体检他首先要对去年确诊过的病人进行复检,然后为村中年长者仔细查看;对怀疑有病者,他都会做出详细记录,并叮嘱村民到医院检查。宋康和他的侄女宋珈帮助杨家堂村的族人们体检,不单是关心老人们的义举,也是借此加强与杨家堂村这块土地的联系。尽管不少杨家堂村的宋氏子孙已走出了家乡,但家乡老樟树散发出的芳香、村风民俗中传承的道德依然萦回在他们的脑海里。

村风民俗中蕴含着的文化挽系着外出的游子,不少游子意识到应该用感恩的心来承担自己对家乡的责任。第22代宋氏子孙宋仁鉴在杭州经营着一家以家乡药膳为特色的餐馆,年收入数十万元。因返乡时看到先祖宋宏堂所修老屋日渐凋敝,他担心先祖遗产会被岁月消融、先祖的仁义精神也会随之而消失,便放弃了杭州的餐馆,回到杨家堂村承担起村中老屋的修缮工作。他不仅出力,甚至主动地承担了修缮的经费。他希望在保存老屋的同时,为家族、为后代保留下仁义的精神传统。

"重孝友,崇忠敬,敦礼义,谨廉耻,正名分,敬师友,培祖茔,尚勤俭,戒骄奢,息词讼",宋仁鉴专门请书法家重新书写杨家堂村的宋氏家训,并制成卷轴挂在修缮的祠堂中。"敦礼义"与镌刻在墙头的"治家要有仁爱之心,行事应遵正义之道"互为表里。义源于情,依于礼。"道德仁义,非礼不成","敦礼义"是通过对礼的维护来加强义的传播,"正义之道"被遵守时即是在守礼。

宋氏子孙必定会将传承了300余年的"修仁心,行义事"的家风继续传承下去。

三、见义当为非求名

石牌镇东临汉江,西接荆门东宝,南临沙洋,北连文集、冷水两镇,滔滔汉江依镇而过。千百年来汉江波涛拍打着河岸,似在诉说着古镇风情,传颂着村民见义勇为的精神。

2016年夏,百年不遇的大暴雨淹没了三分之一的石牌镇。由于仓库在汉江边,做批发生意的何德生有200多万元的库存商品全部泡在了水中。洪水将要漫过镇边的堤坝,危急时刻,他和妻子把自家尚未被洪水淹没的食品、物资送到抢险的堤坝上,自己也奋不顾身地日夜守护在大堤上。当何德生与妻子张中兰看到有很多灾民没有吃的,也没有水喝,就毫不吝惜地捐出了一车八宝粥。张中兰认为他们夫妻捐献救灾物资是不值一提的小事,她在事后对记者说:"我自己的事情都是小事,我做的也没有什么,毕竟我们是做生意的,我们做生意做了这么多年了,也都是老百姓支持我们。如果老百姓没有收入了,我们就是说啥也应该支持他们点儿,我觉得理所当然,应该的,没什么。当时也不考虑那么多,我只知道他们当时很为难,就只知道这点。"话说得很朴素,显示了何氏夫妇的见义勇为精神。正是这种精神支撑着他们平时的善行义举,并影响了他们的儿子何燎。

  10年前,一位少年骑着自行车在何家批发店的街上被货车撞倒。刚放学回家的何燎一瞬间直接冲了出去,看到被撞者倒在血泊中,何燎跌跌撞撞抱起少年,拦了一辆三轮车,将伤者送到医院抢救。直到伤者父母赶到医院,何燎才放心地回家。张中兰在谈到儿子的义举时说:"赶回来的时候,他的一件新衣服全部染上了血。我说我的儿子真是可以,他在这种情况下能够挺身而出,见义勇为。我觉得我感到骄傲,我觉得这孩子的心好,我为儿子感到高兴骄傲。"伤者邱云峰由于得到了及时的救治,在昏迷20多天后终于苏醒,经过后续治疗现在恢复了健康。抢救邱云峰的义举被邱家人铭刻于心,何燎及其父母却将其看成是他们应该做的事。"见义不为,无勇也",这种"勇"能让人感受到何家人的慈悲之心。"慈悲不仅是慈眉善目的施予,更是至刚至勇的担当。这种担当行为的养成,和一个家庭的熏陶,和为人父母平时良好的言传身教,有密不可分的关联。良好的家风如涓涓细流,是造就和延续传统美德的最好方式。"华中师范大学教授王玉德从文化传承的角度评价了何家人的义举。

  正如王教授所言:"良好的家风如涓涓细流,是造就和延续传统美德的最好方式。"石牌镇人在良好家风的熏陶下,在敢于舍弃小我利益的前提下,做着利于他人、利于社会的事情。

  严克宝是石牌镇的复员军人,他在沈阳当兵的时候每天坚持早起20分钟,给战友们打洗脸水,这样就可以让战友们多睡几分钟。他没想到自己会因为做了一些助人为乐的小事,1964年在天安门城

第四章 怜孤救贫仁义存——济世利人的处世态度

楼观礼台受到毛主席的接见。严克宝在儿子严昌筠面前从不以榜样自居，他对儿子说自己只是顺手帮了一下年轻的战友，没想到的是帮着帮着就得到了荣誉和认可，而荣誉和认可成为激励自己越来越好的动力。严克宝用有舍有得、不因善小而不为、吃亏是福等等这些零碎而朴素的话语和自身的行为，影响了严昌筠。父传子继，在2016年的大洪水中，严昌筠每天坚持在湖北青年志愿者防汛救灾工作群里发送灾情简报，利用网络陆续为石牌镇筹集到价值400万元的救灾物资。每年春节，他都要赶回石牌镇去福利院看望孤寡老人和帮扶对象。他觉得做公益所得到的远远高于自己付出的，他说："我收获了大量的朋友，这些朋友都是因为爱心凝聚起来的，这个团队大家互相激励。有时候我懈怠了，总有人又冲出来了，又带着这个团队在往前冲，我们又被裹挟着汇入洪流里面去了。"严昌筠在自己的名片上写着"行善立德，邻里守望，搭上一把手，人生旅途一起走"。石牌镇人的急公好义的精神被严昌筠用现代的语言做了新的阐释。

急公好义的精神是石牌镇先民留下的精神财富。清乾隆年间该地大旱，当地人吴晟破家放赈，在寺庙里舍粥、施药，救济灾民，人称他为"盛德公"。吴氏族人以他为荣，将他乐施好善、急公好义的事迹写进家谱，并将他所说的话作为家训写进家谱，谱记："抑子孙，乐善好义，安富而光荣与。"家训严格要求子孙，要族人在生活上克制自己，要乐于做善事、乐于助人。

吴晟的孙子吴镇善由于家道中落，成为走街串巷的卖货郎，尽管生计艰难，他依然继承了祖父乐善好义的品德。当他遇到遭打劫逃难到石牌镇的四川商人陈天宝，就以诚待人，相信陈天宝说的都是真话,毫不犹豫地拿出全部积蓄资助陈天宝还乡。没想到第二年陈天宝满载一船货物来酬谢吴镇善,吴镇善借此为资本,开了家"吴德成"杂货铺。由于吴镇善将利看得很轻,薄利多销,生意红火。他认为这是雪中送炭的义举给自己带来的福气,于是每到年终岁末,他都偷偷把钱塞到年关难度的贫苦人家的门缝里。他不求名,常教导后人"钱拢起来不算本事,要把钱散出去才算本事"。"钱拢起来"是指赚钱,"散出去"指用钱,赚钱要求工于心计,用钱先要辨明是用到哪里,用得正不正当。在吴镇善眼里,算得上本事的用钱应该是急公好义。古人说"求人要求英雄汉,济人须济急时无",能够在人们最困难的时候伸手,是善的要义。在石牌镇,人们评价吴氏先祖是"积善济贫颇有德者风范,疏财仗义确有侠士忠肠"。

石牌镇人懂得"急公好义是急大家之所急,好社会需要之所义",他们从吴氏家族急公好义的行为中得到的启示是,"只要心向善,最终受益的是自己,舍财作福,有舍有得,义和利其实是和谐统一的"。

四、义行传家做好人

"五岳归来不看山,黄山归来不看岳",黄山名气太大,以至于谈到周边的城市乡镇都以黄山作为坐标。在黄山主脉箬岭南麓有迤逦蜿蜒十里的古村落——许村。旅游者到此可品味100余座元明清古建筑的韵味,会感受十里遍茶香的浓情,当人们静下心来,聆听着娓娓道来的许氏家族历史,会蓦然在脑海中升腾起一个巨大的"义"字。因为在许氏家族,从唐末至今,有着太多的许氏先民将"义行传家"的家训发展为"义行天下"的民风。

许氏奉唐代与张巡一同守睢阳的许远为先祖,韩愈认为许远的功绩在于:"守一城,捍天下,以千百就尽之卒,战百万日滋之师,蔽遮江淮,阻遏其势,天下之不亡,其谁之功也?"历代史家都认为许远为国舍身是大义之人,许氏后裔将祖先的"义"在不同场合做了不同的发挥。北宋仁宗时,西夏入侵,宋军战败,许村商人许克复愿为国家分忧,主动资助军饷。当宋军取得胜利后,宋仁宗嘉其义举,钦赐许克复为"大宅世家"。许克复为国分忧的义,在抗日战争时期被"谦益永盐号"老板许蓉楫及其子许少甫表现为坚守民族大义。当一些奸商想发"国难财",到上海找许蓉楫及其子许少甫希望重开"谦益永盐号"为日军服务时,许少甫说:"如果将气节都卖了,卖出的盐也不会咸。"为了至高无上的民族利益,许少甫发扬了"舍得"精神。

"以义为利"是许氏族人对祖先的"义"在商界的表现。作为徽商的重要成员,许氏商人经商立业、为人处世的基本理念就是"以义为利"。许村陆路穿箬岭,经太平县可前往安庆或南京,是徽青古道上的一个重要驿站。古道宽约 2 米,路面由青白石铺就,古道上最大的一块石头俗称"四担石",即这块石头可以让四个挑夫在此歇担。古道铺路的石头不产于徽州,是从浙江淳安经新安江运来的。石头开采的费用、加工费、运输费来自村民和商人的捐赠,没钱捐赠的村民就义务出工铺路。古道上每隔两里半有路亭,五里有茶亭,这些公益建筑均为村中富商捐资修筑。古道边居住的百姓常年施茶送水,为往来客商备下歇脚的地方。这条古道是徽州人外出求学、为官、经商的重要通道,许村人的义举为徽州人走出大山铺就了坦途。许蓉楫在光绪年间在扬州开设"谦益永盐号",民国初年任扬州食商公会会长,乐善好施,曾开设"朱济堂"药铺、粥厂济民,并捐资修桥。

徽商以诚信行天下,除坚持徽商的诚信外,许村的经商者还崇尚"义"。许秋阳是现在许村最大的茶叶经销商,2003年他建起茶厂,改变了村中以前的手工制茶方式。他原是下岗职工,带领一同下岗的老同事们办起茶叶加工厂。他肯吃亏、重诚信、讲仁义,前几年鲜茶收购价格整体下跌,他信守承诺,尽可能维护茶农的利益,按照之前约定的高价向茶农收购鲜茶。这一举动几乎耗尽了开茶厂以来多年的收入,近年来高品质茶叶十分抢手,茶农们认可许秋阳的为人,将最好的鲜叶留给他。"义"为许秋阳带来了好的名声,也打开了许秋阳的茶叶销路。许秋阳得利不忘义,主动向同行传授销售茶叶的经验,并为同行们筹集资金,帮助同行们走上致富的道路。许秋阳及他的同事们认为,"义"就是肯吃亏,肯吃亏就能融洽鱼和水的关系。从最初的小本经营,到现在近300万的年收入,富不忘本的许秋阳每年都向村中的公益组织捐款,经商获利后回馈社会是许村商人的传统,这个传统就是由"义"的精神支撑。

许秋阳十分关心村中仪耘小学的改建问题。该小学是1927年由曾任两淮盐运使的许家泽创办,学校的校训就是"学做好人"。这个校训意思浅显,道理深刻,如果连人都做不好,学富五车又有何用?"学做好人"指学好人、做好人,为人诚信正派,做事合乎正义。仪耘小学的办学经费历来以本地茶商捐款为主,对所有学生一律免费。仪耘小学培养出来的大学生近半数选择从事教育事业,继续传承"做好人"的理念。捐资助学是许氏家族"义"的传统的表现,宗族的每个祠堂都办有义学。"学做好人"的校训是许氏后人"义行传家"理念的延续，激励着一代代从许村走出去的学子。

许村有一座教本堂，是为纪念明代为官清正的许伯升修建的。许伯升在任上为民请命、主持正义、主持公道，他的为官箴言是这样一副对联："多索一分一厘是祸国殃民，少了一冤一枉乃为官正道。""义行传家"落在为官为宦的许氏子孙身上为"忠义为国"，对普通人而言则表现为"义不容辞"。许村人在日常生活中也在体现着义的精神。许村的"福泉井"在古建筑"观察第"西侧，由一道刻着"墙里"二字的边门从院中隔开。这一家的主人因病早逝，妻子胡氏独自一人撑起家庭。胡氏为人善良，生活中处处与人方便。当时村中水井很少，村民用水极为不便。胡氏家中的后院有一口水井，村民可以前来取水，胡氏临终前担心后人不让乡邻使用水井，便命人拆掉了后院的围墙，让出家中水井。他们家的后代便以"墙里门"后裔自称。

"兴义事，行义举"，许村人以义为核心的家风织就了许村可歌可泣、有着瑰丽色彩的家族史，让这种家风传承下去，融入我们时代的价值观吧。

第五章　立身之本即读书

——尊师重教的耕读家风

孟子云"人皆可以为尧舜",尧舜是古代的贤明君主,在孟子笔下是圣贤的泛称。孟子认为学习圣贤的思想、行为就可以成为圣贤。"欲高门第须为善,要好儿孙必读书",这副对联将孟子的教诲通俗化了。由于历史上不少人以"朝为田舍郎,暮登天子堂""学而优则仕"作为读书的目的,而明清两朝"八股文"取士的科举考试方法束缚了人们的思想,因此有些人对读书提出了质疑,进而对传统的耕读家风进行错误的抨击。

中国曾长期处于农耕社会,农耕为人们提供了衣食等生存资料,耕是劳动方式,也是生存之本;读则是继承前人积累的知识,从而提升和完善个人道德修养、文化素质,故而读是立身之本。能立身才能成为传统文化的继承者和传承者,故而可以质疑为什么读书?读什么书?怎样读书?在脱离了农耕环境的状态下,我们可以指出和改进传统教育方式中的弊病,但不应该否定读书,应该让读书成为当代青少年的生活中必不可少的内容。

一、致远跬步读书起

山清水秀、风景宜人,并不是浙江温州永嘉县岩头芙蓉村引人注目的原因,人们看重芙蓉村,更是因为这里的耕读家风。从南宋起,芙蓉村就修起了芙蓉书院,虽然只是一个乡村书院,但历年所聘老师均是德才兼备的宿儒。该书院有着卓著的教化功能,不仅培养了以陈傅良为代表的大批人才,也将勤学之风浸染了芙蓉村。据《永嘉县志》记载,芙蓉书院的教学活动使芙蓉村"家重师儒,人尚礼教,弦诵之声,遍于闾里"。从芙蓉书院所挂的牌匾"明伦堂""忠孝廉洁""见贤思齐""爱知堂"等,可以看出芙蓉村的教育理念首重道德伦理、人品性格、是非观念。"明伦"是对五种伦常的理解和尊崇;"忠孝廉洁"是社会尊崇的高尚道德;"见贤思齐"是强调不能甘居人下;"爱知"应从两方面理解,知通智,这是要求人重视智慧、重视知识,从"爱知堂"起着惩罚学生作用的角度来看,就是要求学生在修身上要做到明辨是非。个人修养说到底就是从善恶两方面进行调整,崇善、行善、为善,恶恶、耻恶、去恶,通过是非判断善恶。后人将芙蓉书院的教育理念总结为"明人伦""效先贤""扬善弃恶",并认为这种教育理念在今天依然有存在的意义。确实,与为学相比,做人应该摆在前面,芙蓉村的先人看重做官,但看重的是做清官、做好官。从南宋至今,芙蓉书院的教材变了,教学内容变了,教学方式变了,但"弦诵之声"却从未在这里消失。

在南宋时期芙蓉村"文运亨通、文风鼎盛",出现了芙蓉村18个陈姓族人同朝为官的奇迹。据后人记载,科举时代芙蓉村出现了1名状元、22名进士、100多名举人。清朝废科举后,由于"弦诵之声"继续陪伴着人才,这个小小的山村先后有18人考上了黄埔军校。新中国成立后,这个400多户人家的小村,每年都会有一二十人考上大学。在大学录取通知书送到后,芙蓉村将会为新考取的大学生举行一次张红榜游街、祭祖、读家训的隆重仪式。通知书送到村里后,村委会安排村中字写得最好的人书写红榜,红榜写好后由年轻的村民拿着红榜在锣鼓声的伴随中绕村游行一圈,再将红榜贴在村中公共活动中心芙蓉亭中。游街使考中者和考中者的家庭感到荣耀,也在年幼的孩子们心中埋下了以读书来争取荣耀、求得发展的种子。祭祖仪式已成为每年高考完后芙蓉村的惯例,既是向祖先的汇报,也是家规家训的传承。祭祖前,村民要隆重地请出族谱和作为村中镇村之宝的"十八金带"图、金印、玉笏等。"十八金带"图是南宋时在朝为官的18个陈姓族人留下的画像,族中传说这些人为官清廉、正直,皇帝为表彰这些官员,赏给他们每人一条金带。金印、玉笏据说就是这些官员的遗物。陈氏族人先挂好"十八金带"图,然后参拜"十八金带"图和祖先牌位,参拜完毕后,要开族谱、读族训,由年尊德劭者带领村中品性端方的年轻人诵读。祭拜以"读书成才"为主题,显示了芙蓉村村民对读书的重视程度。

芙蓉村村民对读书的重视表现在隆重的仪式上,也表现在日常的生活中。在古代芙蓉村能考中科举的,都可以得到村中奖励的土地。现在土地公有,于是芙蓉村人设立了奖学金基金,对考取大学、硕士、博士的学子均予以金钱鼓励:博士奖励2万元,硕士奖励1500元,本科奖励1000元。芙蓉村村民认为钱虽然不多,但奖学金起到了激励作用。陈光秒在1998年以626分的成绩考取浙江大学光电物理专业,小小的山村出了永嘉状元,村里两次给予他奖学金,这使他在事业有成后不忘主动回馈家乡。该村奖学金基金来自村民陈田横的资助,他的生活并不富裕,但他将其兄陈田丹资助他的10万元钱,全部用作村中的奖学金基金。从1997年设立基金开始,该奖学金已资助村中300余名大学生。陈田横认为,只是个人重视读书是不够的,有奖学金奖励,带动整个地方重视读书,整个宗族才有发展。陈光秒在2013年一次性拿出10万元充实芙蓉村奖学金,并准备在将来能赞助更多的奖学金,让奖学金不仅给学子精神上的鼓励,并能在物质上解决学子生活上的困难。

"耕读家风"的传承在《陈氏家训》中留下格言式的训诲:"(凡

吾家子弟为士者,须笃志苦学以求仕进;为农商者,须勤耕贸迁以成家业。""即甚贫乏(者)亦宜清白自守,切不可习为下流,玷坏家声。""积家产以遗儿孙,何如诗书培子弟。"后世子孙秉承先人教诲,将家训扩充为:"陈氏众子孙,家训记分明,人在世上过,须留好名声。从小怀大志,读书要专精,知识无价宝,勤奋得功名。成家先立业,勤是致富根,三百六十行,不分尊与卑……经商或办厂,诚信抵黄金,不欺又不诈,价实货要真。创业务求实,守业要恒心……"耕读家风产生的价值观影响着陈氏族人生活的方方面面,在行为规范上,家风要求做到"六戒",即戒不孝、戒赌博、戒纵欲、戒毒品、戒盗抢、戒贪占;在婚嫁上"择婿看人品,娶媳不贪银"。以知足常乐、品德高馨来勉励族人。

陈氏家族以其良好的学风让曾经高考失利的陈晓江从挫折中站了起来,他通过自学,以自己熟悉的芙蓉村为材料,描写了芙蓉村的历史、人物、社会风情,创作了一部150万字的长篇小说《芙蓉外史》。小说分为《追源记》《寻金记》《归宗记》等6册,通过芙蓉村人在历史的沧桑中坚强生存的故事,将芙蓉村呈现在读者眼前,让读者去领悟芙蓉村人的精神,去理解耕读家风是怎样让芙蓉村历千年而不衰。

二、要走正道先读书

年近九旬的中国工程院院士程天民是从江苏宜兴市的周铁老街走出去的,他曾14次参加核试验,是中国防原医学,特别是复合伤研究的开拓者,被誉为"中国的核盾将军"。在谈到自己对家乡的记忆时,他说:"老百姓愿意学习,再穷也要念书,认为念书是走正道,为人要有学问,有了学问为人走正道了,干事业有本领了,这是大家普遍的认识。"由于老百姓普遍有这种认识,所以"借钱也要去上学"。这种浓浓的求学之风使程天民在战乱的环境中依然保持着对知识的渴求。抗日战争尚未结束,高中刚毕业的程天民为了求学从周铁村步行到安徽黄山。因沦陷区的货币无法在国统区使用,程天民只得背一点布匹、钢笔等商品,卖了以后作为路费和生活费。他在安徽广德遇到土匪,随身所带的货物大多被抢光,幸运的是,所带的一打钢笔没被抢走,他就靠着边走边卖钢笔到达目的地并考上大学。程天民是周铁村尊师重教社会风气造就的读书人,现在散布于全国的周铁籍高工教授有 531 人,他们均接受过周铁村"兴文重学,崇文重教"的家风的熏陶。

不畏艰险、不惧劳累、孜孜求学是周铁村人世世代代的传统,执着于教育,将教育看作养德之源、育才之途已是村民们共同的价值认同。村民们对当官发财并不十分看重,看重的是有道德、有学问、有知识的人。教师在这里被称为"大先生",村民们有了纠纷都是请"大先生"来调解矛盾。尊师的社会风气使从事教育工作的"大先生"们更严于律己,害怕自己不堪为人师表、误人子弟。

周铁村所在之地宜兴古称阳羡,从古至今书香氤氲,曾走出 4 位状元、10 位宰相和 385 位进士,近现代走出了 26 位两院院士、100多位大学校长和 8000 余位教授。"阳羡状元地,周铁教授乡",耕读传家的家风家训使周铁村为宜兴的氤氲书香增添了一缕古朴的芳馨。

走进周铁村,每一座祠堂都悬挂着诲人以德、劝人向学的对联。"营商好,读书好,要好便好;创业难,守成难,知难不难。"读过《儒林外史》的人一看便知这副对联与吴敬梓在《儒林外史》第 22 回中所写"读书好,耕田好,学好便好;创业难,守成难,知难不难"大同小异。上联中的小异说明在周铁村田不够种,不少人得靠经商谋生,这一改恰合周铁村的民生实情。"欲高门第须为善,要好儿孙必读书",希望家族兴旺、儿孙发达,就必须立德为善,读书成材。"欲光门第还自读书积善来,要好儿孙须从尊祖敬宗起"是对上一副对联的深化。"天覆地载日照月临,须要做正大光明事业;父慈子孝兄友弟恭,这才是兴隆久远人家"从立德、立功两个角度探讨家族兴隆久远之道,确实引人深思。"文章与诗礼传家相表里,经济自清心寡欲中得来"这副对联既探讨了学识与道德间的联系,也反映了家风与个人修养对造就学识的重要作用。周铁村是一个尊师重教的农家村庄,浓浓的书卷气弥漫在饱含哲理的近百副楹联中。在张氏、周氏、胡氏、岳氏的家谱中,都记录有"崇文重教"的古训家风。在岳氏家谱中有这样的话:"人之本业在勤耕读,勤耕者口食充而服用足,勤读者学业成而富贵至。"用今天的观念去看,将读书看作求富贵之路肯定不正确,但通过勤读做到学业有成,在任何时代都应该坚持。在周铁村的各家族的家谱中,都看得出当地民谚"积钱不如教子"在家族实践中的表现——用诗礼传家的家风来约束子孙。

"崇文重教"在周铁村辈辈相传,且随着历史的发展加入了新时代的内容。光绪六年(1880 年),周铁乡绅捐建竺西书院,后捐建高等小学堂、崇本小学堂、师郑小学、周铁桥女子小学、竺西小学、竺西中学、崇德中学等。1904 年周铁村在张氏祠堂建小学,学生免学费、免书本费,文具也是一套一套地免费发放。1934 年周铁村村民承国英创办了苏南唯一的农村学校——西桥工学团。该学校学生不交学费和书本费,老师也没有工资。西桥工学团得到了大教育家陶行知先生的大力支持。该校以"工以养生、学以明生、团以保生"为办学理念,招收了附近16个自然村的100多个孩子读书。为解决师资不足的问题,该校先将学生培养成"小先生",再以"小先生"教新学生。这种教育方式在教育资源匮乏的当时,推动了普及教育的发展。时至今日,周铁村退休教师杭静梅继承其父遗志,兴办义务家庭辅导站,辅导孩子们的学习。至今周铁镇已有30个义务家庭辅导站,辅导站以退休教师为主,辅以在职教师。

周铁村村民周文兴及其姐妹兄弟均为太湖渔民,常年生活在渔船上,依然努力为子女求学创造条件。周文兴的女儿读高中时夫妻二人在宜兴租房陪读,每天凌晨1点起床,骑摩托车奔走50公里到太湖打鱼。直到女儿考上大学,他们才停止这种每天跋涉奔波的生活。周文兴夫妇谈起这段艰苦的往事,脸上还露出了得意和满足的笑容。周文兴的姐妹兄弟也是这样为子女们的求学创造条件,因此周文兴及其姐妹兄弟的8个子女,都完成了高等教育。

"文章千古秀,仕途一时荣",古代的周铁村人看重的是千古秀的文章,而不是一时荣的仕途,今天的周铁村人对教育的理解更深刻。他们普遍认为,要走正道须先读书,正道是周铁村人选定的、符合法规法纪、公序良俗的人生道路,读书既为走上人生道路储备了知识和技能,也提供了选择人生道路的标准。要走正道先读书,是周铁村优良家风的延续与发展,也是周铁村人与时俱进的自我提升。

三、立德更在成材先

每年正月初一,广西壮族自治区富川瑶族自治县秀水村毛氏祠堂内,毛氏族长都会对年满6岁的孩子们进行一次启蒙前的家族先贤认知。族长会对孩子们大声念出家族中出现的1位状元、26位进士的名字,然后带领孩子们诵读江东书院创始人毛基所写的《勉学》诗:"逊志芸窗不记年,此胸无碍自悠然;常将欢励符苍昊,饶有清修契圣贤。尘世樱来何限虑,闲中值了好多钱;神龙潜见谁能测,一旦乘云上九天。"状元、进士离今天的孩子们很远很远,毛基诗中"乘云上九天"的读书求上进的志向也未必符合今天人们的理想,但这场仪式所表达的崇尚教育的传统不仅应该被继承,更应该被发扬光大。

秀水村重教的传统是历代祖先以自己的人生经历锤炼而成。唐开元十三年(公元725年),浙江人毛衷以开元年间进士、刑部郎中的身份出任贺州刺史,上任时路过秀水村,领悟到大自然对这块土地的青睐,便醉心于此,任期满后,不图升迁,不回老家,携子毛傅及家眷定居于此。毛衷为后代立下家族之基,凭着他对教育的深刻理解,通过他晚年的具体教育实践活动,为毛氏家族开了教育先河。其后代秉承遗风,在科考中屡现峥嵘,毛承吟、毛延、毛延铎等人相继考取进士、举人、秀才。"读书荣身"已成为家族的思想传承,《毛氏族谱》中强调读书为振家声的途径,"子弟若不读书,无由上望,故秀良者必令就傅,则或文进或武达,自尔丕振家声"。

南宋宁宗开禧元年(公元1205年),毛自知考中状元,毛氏家族以他为荣。尽管毛自知因主张抗金北伐,在"开禧北伐"失败后仕途坎坷,年仅36岁即抑郁而亡,但毛氏家族不以成败论英雄,依然将毛自知作为后代学习的榜样。迄今每年农历9月初8都有这样一个家族节日——状元游,秀水村村民舞龙舞狮,在鞭炮声和锣鼓声中请出毛自知的塑像,在整个村庄每条道路上游行。这已不是秀水村人单纯对毛自知个人的敬重,而是对毛自知能以自己的读书实践来光大祖先的肯定。就毛自知个人而言,在历史上也属于应肯定的人物,南宋大诗人刘克庄有首悼念毛自知的诗云:"至尊殿上主文衡,岂料台中有异评。垂二十年尤入幕,后三四榜尽登瀛。白头亲痛终天诀,丹穴雏方隔岁生。策比诸儒无愧色,自缘命不到公卿。"尾联"策比诸儒无愧色"是对毛自知学识见解的肯定,"只缘命不到公卿"是对毛自知文齐福不齐的同情。由于刘克庄的老师真德秀在政见上与毛自知处于对立面,故而刘克庄只得将毛自知的不幸归结于命运。

毛氏宗族不因毛自知抑郁而终就否定读书对家族的重要,而是从制度上支持子孙读书修身:设立学田、功名田产,用于延师兴学、奖励功名、资助学子上京赶考;设立族内捐田,用捐田的租谷顶替族中子弟的学费;设立族内藏书楼,方便子弟阅读增知长识;设立奖赏制度,对考中举人、秀才的族中子弟,划拨一定的田谷作为奖励,为取得进士功名的族中子弟在祠堂前立旗杆石以示标榜。对于读书,毛氏宗族在经济上支持、精神上激励,这样的传统一直延续至今。

尤其值得一提的是,在南宋嘉定十四年(公元1221年),曾任会稽太守的毛基在秀水河东边的灵山脚下建"江东书院",比梧州绿绮书院早250年,是当前史料可查的桂东地区最早的书院。毛基在建书院时,颇为学子着想,选择的院子依山傍水,处于茂林修竹之间。书院分为"来薰""拂云""侍月""烟斋"等馆,其命名既点明当地之景,也蕴含着毛基品味自然之情。"江东书院"不仅以山水美景怡情学子,也以师训严、教学精、学风盛而名噪湘南桂东,为当时各书院、私塾效仿。尤为难能可贵的是毛氏家族自为规则,学成为官者如逢宦海沉浮、丁忧孝亲,或是还乡赡养父母、告老颐养天年,均需回族中书院任教。以江东书院为起点,人数不多的秀水村先后开设了鳌山石窟寺书院、山上书院、对寨山书院四所书院,其学风之盛即使放在都市大邑也名列榜首。"满街男儿背书囊"是秀水村常见之景,科甲蝉联是毛氏宗族自豪之事。重科举而不以科举为唯一的判断标准,是秀水村人独到的价值观。秀水村人普遍认为读书是立身之本,"本"是根本,即强调通过读书加强修养,立德在前,然后读书才是仕进之途。将做人放在为学之前,"德胜才谓之君子,才胜德谓之小人",将读书作为立身之本才能让读书人达到"德胜才"这一境界。秀水村民风淳朴,村民们对亲属间有子女上学者会主动提供帮助,与这一传统家风的熏沐有关。

自1977年恢复高考以来,村中有大学生253人,其中硕士5人,博士3人,这些读书成材者大部分都得到过宗亲的帮助。例如毛志全兄弟三人在读书时都受过宗亲的帮助。务农父母一年的收入仅够勉强维持温饱,每年到交学费的时候家中都无法凑齐钱款。毛志全的伯父毛建玉竭尽全力帮助他们支付学费,在实在拿不出现钱的情况下,他不惜卖掉一些东西,也为侄子们把学费交清。甚至在他因胆结石动手术时,还在为侄子们筹措学费。毛志全兄弟姐妹个个懂得感恩,毛志全的哥哥毛志勇将伯父接到身边奉养,毛志全和他的弟弟妹妹们每月按时给伯父寄来生活费。同样,毛志全永远感恩那些为他缝制棉被、棉衣的乡亲们。尽管他的父母已移居城镇,老屋已凋败腐朽,毛志全每年回家都要拜访乡亲,都要在老屋中坐一坐、想一想。也许他会想到秀水村"三代不读书,后代变牛牯"的民谚,也许他会想到伯父和乡亲们为他凑齐的学费,也许他只是在静静地寻找远逝的记忆……从记忆中再澄清自己该从重教的家风中继承些什么、发扬些什么。

四、欲化他人先正己

安徽省黄山市祁门县渚口村每年正月间都有一场会文考试,考试地点设在倪氏宗祠贞一堂内,由村中有名望、有学识的长辈出题,学子在祠堂内当场作文。作文由各房房长进行评判,优胜者获得四大块猪肉和两对金花饼,成绩差者可获一对金花饼,前者是奖励,后者是鼓励。这种会文考试在倪氏家族已有近600年的传承,某些特殊年代中断了这种会文考试,但只要社会环境允许,村中的长辈们就会迅速地恢复这种考试。

这种会文考试考的不单是文章写作,也在考做人的责任和处世的道德原则。大到世界观、价值观、人生观,小到待人接物、洒扫、应对、进退;从社会交往中的礼节仪式到家人间长幼有序,都有可能成为会文考试的作文题。如非自幼就受到潜移默化的道德教育,一般人很难用自己的体会来完成会文考试中的文章写作。渚口村历代都将品德教育摆在教育之首,孩子们自幼就接受传统道德礼仪的熏陶,孝亲尊师、待人以礼、和睦乡邻、诚信笃厚等行为规范,早已化作家风家训,并成为道德评价的标准。"别长幼,明伦定分,罔敢陨越"是倪氏家族的族规中重要的一条,不仅强调了每个人在家庭中、社会中的定位,也表明通过定位然后定分,定分即是确定名分,同时也确定了责任,要求每个人不要跨越名分所定、责任所在。

渚口村村民们不喜欢对后辈人空谈道理,在对后辈人的启蒙教育中,他们用自己的行为实践着朱熹的理论。朱熹认为对孩子的启蒙教育要把理排除在外,强调在启蒙教育中让孩子们只是学事,比如如何洒扫、如何事亲、如何敬长,只要学会了具体做这些事的规范,就能养成孩子良好的行为习惯。良好的行为习惯客观上起到了规范孩子心灵的作用,《弟子规》中有"墨磨偏,心不端,字不敬,心先病",可见行为是思想的外在表现,心行一体不可分割。渚口村民们通过具体的事来对孩子进行启蒙教育,让后辈人明白了先做人、后做事的成长历程,也理解了做好人、行好事、走正路的道德标准怎样渗透进成长历程中。

渚口村长辈们用言语教化后辈,用行为影响后辈。村民倪新强的母亲懂中医,常常义务为村民治疗眼疾、脚伤。当地有一种叫盘龙疮的皮肤病,医院里治起来都有些困难,倪新强的母亲亲自上山采药,为许多人治这种病。难能可贵的是,对于那些远道而来求医的人,倪新强的母亲不仅帮其治疗,而且还留他们在家吃饭。母亲的所作所为感染着倪新强,他在生活中实践着母亲"做好人,行好事"的理念,并且发挥自己所长,进行着优良家风家训的传承。逢年过节他都会义务为村民写对联,其内容均与家风家训有关,例如"教子教孙须教义,积善积德胜积钱""不求金玉重重贵,但愿儿孙个个贤"等。

渚口村村民以倪姓为主,其他姓氏的村民也同样遵循着"做好人,走正路"的道德规诫,在教育子女上也强调道德的重要。时代发展了,村民们在子女的教育上摒弃了以前的棍棒下出好子的教育方式,继承了符合社会主义核心价值观的优良家风。村民叶加强在其子叶杰因交友不慎出现逃学、撒谎等行为时,不是严厉训斥、打骂,而是将叶杰看成平等的朋友,通过谈心逐渐扭转了叶杰在择友上的错误做法。叶杰认为父亲对他的帮助是最好的一份成年礼。

关注道德教育不仅表现在长辈对晚辈负责,在成年人之间也会在道德上互相砥砺。黄山市文联主席倪国华兄弟三人通过自身努力和相互帮助,得以成材。在三弟倪清华第一年高考落榜后,二哥坚持让弟弟再考一年,并愿意承担三弟的读书费用。在复读中,倪清华沉湎于看录像、玩游戏,将全家人为他付出的努力付之东流。大哥倪国华与弟弟促膝谈心,告诫弟弟要珍惜机会,最终倪清华考上了安徽大学历史系。倪国华三兄弟的经历证明经济上的资助要与精神上的沟通结合在一起,才能产生正能量。倪国华三兄弟至今仍记得其父手书的对联"荆树有花兄弟睦,砚田无税子孙耕",兄弟和睦同样是家风中值得传承的美德。

重视教育是渚口村村民共同的追求,他们在坚持教育为先的前提下,用化人第一来体现以德育人的重要性。村民们以家训家风正己,以自身言行来教化后辈。村民们对后辈的道德期盼,将会培育出德才兼备的新渚口人。

第六章　不贵千金贵然诺

——言必有行的诚信理念

孔子很鄙视言而无信的人，《论语》中有："言必信,行必果,硁硁然小人哉！抑亦可以为次矣。""人而无信,不知其可也。大车无輗,小车无軏,其何以行之哉！""其何以行之哉"即言而无信的人靠什么来处世呢？这深刻地表明了诚信的重要性。

司马迁在《史记·游侠列传》中对游侠重然诺的行为进行了肯定："其言必信,其行必果,已诺必诚,不爱其躯,赴士之厄困。既已存亡死生矣,而不矜其能,羞伐其德,盖亦有足多者焉。"他认为重然诺者以诚信待人,能急人所急,助人之困,并且不卖弄自己的才干,羞于夸耀自己对他人的恩惠,具有很多值得肯定的优点。诗人李白在《侠客行》中用"三杯吐然诺,五岳倒为轻"赞扬了侯嬴、朱亥将自己的诺言看得比五岳还重的高尚情怀。诚信是古往今来上至圣贤学者,下至黎庶百姓都推崇的高尚品德。黎庶百姓将诚信二字纳入家规家训,形成家风,已历数千年之久了,历史的进步、时代的发展使诚信理念成为社会主义核心价值观的组成部分。

一、至诚至信三不欺

上九山村在山东邹城,距孔子故居 50 公里,距孟子故居 30 公里,与上九山村村民打过交道的外地人认为该村村民具有"孔孟遗风"——至诚至信。上九山村人从北宋定居于此,用祖祖辈辈一千多年的社会实践塑造了重诚信的群体形象。

上九山村村民大部分姓郑,明洪武年间,郑氏祖先奉旨由老籍山西东迁,路经此地,看到一棵参天大树。当地原居民告诉郑氏祖先,这棵楷树是孔子学生 72 贤人之一的子贡（端木赐）为纪念老师而从南方移植过来、准备栽种在孔子墓前的楷树的一枝长成的。装载楷树的马车经过上九山时,天降大雨,道路泥泞,楷树从马车上滑下,从主干上折断的树枝插入泥土,在雨水滋润下焕发生机,年深月久长成了数人牵手才能围起来的大树。郑氏祖先相信这一说法,希望儒商之祖子贡所创建的诚信经商的"端木遗风"能庇佑郑氏子孙,于是就在此地安居乐业。年年岁岁,楷树春荣冬枯;行行业业,诚信铭心刻骨。"端木遗风"一直在上九山村传承,上九山村人也在自己从事的职业中,用诚信造就辉煌。

郑氏家族百年来一直从事着"赊小鸭"的传统产业,赊小鸭就是卖了小鸭先不收钱,而是在账本上记下赊鸭者的姓名和钱数,等秋后再上门结账。过去农民家庭平时没有现钱,故只能赊回小鸭,小鸭养半年后,就能产蛋,鸭蛋是随时可以换钱的商品,所以赊鸭的人,一般都不要公鸭。上九山人的信用就体现在赊给农户的小鸭都是母鸭。信用建立起来后,上九山村赊小鸭的生意就红火起来。生意最兴旺的时候,上九山村开有二十几处孵化鸭雏的暖房,村中的成年男人几乎全部在外赊小鸭。他们把生意向北做到东三省,向南做到江浙一带。村里人为赊小鸭的生意定了十项规定,其中第五条就是讲诚信,小鸭公就是公,母就是母,不许说假话,在赊的时候不许报花账,因而取得了所到乡村人们的信任。赊鸭者的信任成为上九山村的活广告,上九山村和"诚信"二字紧紧连在一起,推动了赊鸭生意兴隆,让上九山村的人得到了稳定的收入,形成了全村人共同维护的诚信风俗。

孩子们在玩拍手游戏时所唱的歌谣就反映着诚信的风俗:"你拍七,我拍七,二十一天赊小鸡;你拍八,我拍八,二十八天赊小鸭;

你拍九,我拍九,诚信传家要长久;你拍十,我拍十,心口合一要诚实。"心口合一在上九山村有两层意思:一层是指口里说的要和心里想的一致,从而实现言行一致;另一层意思则只有上九山村才有,在结婚的时候,新婚夫妇从装满"早生贵子"寓意的干果中拿出一块心形岩石,心形岩石中间有一个口,代表心口合一、诚信传家,用一块做成心形的小石头填中间的口,寓意石(实)心石(实)意、心心相印、互敬互爱。即使已经在城里安家立业的上九山村青年,也大都选择回村举行婚礼,到据说已有2000多年的老楷树下祭拜天地、感恩先祖,并将那块代表心口合一的心形岩石作为新婚夫妇最神圣的契约纪念物带回城中。上九山村的离婚率几乎为零,他们在婚姻缔结上重承诺、轻彩礼,重视婚姻质量,自然维护了家庭稳定。

郑姓村民注重前传后教,长辈们在祭拜先祖的仪式上往往带着后辈共同诵读《郑氏家训》:"父子慈孝,爱及他人;夫妻和顺,亲善四邻;兄弟次序,唯贤是尊;至诚至信,叶茂根深。"前24个字讲的是处理家庭关系的原则,后8个字强调的是至诚至信的对人对事原则,通过叶茂根深来映衬至诚至信在人生路上的重要作用。诚信在上九山村已不是空洞的说教,村民们从"反身而诚,乐莫大焉""实言,实行,实心,方取信于民"等古人教诲中领悟了诚信在立人、立业中的重要作用,看到了诚信超越历史和时代的恒常价值。

村民郑春芳以80元本钱起家做茶叶生意,经过不懈奋斗,他的茶庄现在生意兴隆,已形成品牌效应。正是诚信让他的茶庄度过了拮据、艰难的创业阶段。1996年,他从南方订了一批中等龙井茶,货到之后他发现是上等龙井茶,原来是供货商发错了货。他主动打电话告知供货商这一情况,这两批货款差价达到一万多元,他这种诚信经营的态度感动了供货商,供货商成了他的朋友,现在供货商的儿子也在与他合作。郑春芳的祖父告诫他"做人十分伶俐使七分,留下三分给儿孙;十分伶俐都使了,撇下儿孙不犹人",使七分留三分以数量关系做比喻,阐明做人不能过分精明,且在精明中要保持几分忠厚,这几分忠厚则表现为诚信。

　　70多岁的村民郑义昌始终记得他的大爷爷亲身经历的一件事。大爷爷是磨刀匠,腊月的一天大雪封门,大爷爷依然背起磨刀的行头踏雪出门,因为他和附近村里的一户人家口头约定,这一天要上门磨刀。结果是他累了一整天,害了两天病,赔了十个钱。大爷爷对郑义昌说:"说话算话,我必须这样做。"大爷爷重然诺、诚实守信的精神影响着郑氏子孙。

　　村支书郑伟几年前在县城一家建筑公司担任项目经理,他想为家乡乡亲们出一份力,便回村竞选村支书。他承诺当选后要修一条进山公路,还要恢复上九山村的石头古村面貌。上九山村的房屋大多是用石头垒成,具有独特古朴的风韵。俗话说"石靠水润,屋靠人居",有人居住的房子不容易凋敝,由于村民进城务工或在城中定居,部分房屋无人居住、年久失修。他当选后,村民们经历了由怀疑观望到信任支持的过程。有位村民说:"他这孩子从上任,也没休息日,也没节假天,基本上说的事情都兑现了。"4年后,村中通了进山公路,而且村中90%的房屋已经修复完毕。郑伟履行了自己的承诺,用诚信赢得了民心。

　　如今上九山村时常响起老人们声声断肠的拉魂腔,老人们在传唱着《王汉喜借年》《梁山伯与祝英台》等信守诺言、彼此忠诚、至死靡他的爱情故事。通过拉魂腔一唱三叹,重然诺、守诚信的精神时刻提醒着上九山村人牢记历史传承，恪守诚信原则。

二、诚信铸就茶马道

英国作家詹姆斯·希尔顿的《消失的地平线》把汤满村推到了读者的目光下，这个坐落在距离香格里拉县城40千米的山谷间的村庄，处于静谧如梦的雪域高原，村民主要是藏族农牧民，他们种植玉米、小麦，养殖牛羊。詹姆斯·希尔顿的作品给汤满村蒙上了一层浪漫、神秘的面纱，不少读者从书中感受到高原凛冽的严寒，品味着穿越茶马古道马帮的艰辛。在这个人口密度仅为每平方千米10人的广袤之地，个人显得极为渺小。遥远的距离加重了生活的艰难，除了要有吃苦耐劳、战胜困难的奋斗精神外，要想在这里过上正常的生活，受到尊重，每个人都要具备一种基本的品德——诚信。

"乃仓"是藏语，意为"租借的住宅"。相对于过往的马帮而言，这就是固定的接待点，有时还会提供一些商业方面的服务，如帮助马帮代销商品、找运输的货物、给马帮提供转运货物的地方等。乃仓的主人和马帮的领头人马锅头在这些商业服务的活动中会形成契约关系，这种契约往往是口头约定。保证契约得以忠实履行的是乃仓主人和马锅头都表现出来的诚信。这种诚信用各执一部分的布块表示，这两部分布块被裁成不规则的接口，无论时间相隔多久、无论当事人是否变换，只要这两片布块质地、颜色相同，接口能够严丝合缝地连接，双方就得按当初的约定来履行契约。藏民用这样的语言来描绘布块连接时的情景："一撕两半的两块布，在陌生人的手中辗转他乡，天各一方，以此为凭。最终有一天，它们相聚，带着不同的体温,带着不同路途上的灰土烟尘,两道毫无规则可言的条痕,就这样严密地合在一起。那一瞬间,捏着布头的两只手紧紧握住,两张满是风霜的面孔,露出了笃定的笑容。"两块布,不仅是生意的凭证,也是诚信的标志。

茶马古道上人与人之间的诚信是互相体恤、互相尊重、互相帮助,诚信体现在马锅头与马脚子之间,体现在马帮与沿途居民之间,体现在货老板与马帮之间,体现在马帮与马帮之间。马锅头与马脚子达成了管理与服从管理的契约,如这种契约不被双方遵守,则马帮内部会出现勾心斗角,往往会导致争权夺利。马帮与沿途居民达成了接受后勤服务与提供后勤服务的契约,如双方缺乏信任,马帮在茶马古道上寸步难行,乃仓及沿途村寨也丧失了获得收入的机会。货老板与马帮之间结成了委托运输和承担运输的契约关系,这种关系必须靠诚信维持,才会形成固定而有效的合作班子。当一批货物需要由几个马帮合作运输,当马帮之间互相帮助转运货物,当运输不同货物的马帮在路途中需要协作,这就要求马帮与马帮之间有一种行业间的信任,同时还要求马锅头的个人信誉得到相互认可。茶马古道能在恶劣的自然条件下存在一千多年,是诚信像黏性极强的胶液一样,将生存于茶马古道上的熟人、陌生人都粘在一起,形成了以信任为纽带的共同力量。汤满村是茶马古道上重要的中转站,从汤满村南下可进入云南,西上可进入西藏,经过汤满村的马帮有汉族、回族、藏族,生活习惯的差异、语言的隔阂,使汤满村的藏族村民必须适应路过的马帮,用藏族独有的诚信来换取马帮的诚信。在商品交换之前,汤满村村民和马帮间就先进行了道德上的沟通。藏传佛教认为,不讲诚信的人就是有两条舌头的人,有两条舌头的人是最令人讨厌而不可信赖的。

国家级非物质文化遗产尼西黑陶传承人孙诺七林强调,做陶要像做人一样,一定要做得好,对人家有好处,对自己的收入方面也有好处。他的话说得直白朴实,做陶像做人,说到底是在制作陶器时,要讲诚信。这种工艺上的诚信首先表现在原料的选择上,必须是三种原料,且按一定的比例搭配;其次是在制作时要在每一件陶器上留下制作者的名字,这是制作者对即将拥有陶器的顾客的最真诚祝福和保证品质的承诺。在工艺上的诚信得到保证,孙诺七林才感觉到自己实现了对制陶先辈的承诺,继承了先辈们的技艺。

年近不惑的都丹经营一家土鸡店和一家黑陶店,土鸡店卖的是尼西土鸡,深受旅游者和本地顾客的喜爱。都丹从不因为生意红火而漫天要价,一次一位导游带来了一车客人,要求他将原本100元一只的鸡卖200元一只,并承诺给他回扣,都丹一口回绝了导游的要求。导游表示如果不按200元一只的价格卖,就带走所有客人,都丹毫不犹豫地表示不会屈从导游的意愿,还将100元一只土鸡的定价贴在玻璃上,明码标价。都丹做到了对本地人和外来游客一视同仁。尼西土鸡不仅给都丹带来了收益,也给都丹带来了诚信经营的名声。

汤满村村民不仅对人讲诚信,对鸟也是如此。黑颈鹤是我国唯一在高原上繁殖的鹤,传说,人们为了不让黑颈鹤啄食庄稼,想方设法捕获了黑颈鹤。由于不忍心伤害这种鸟,人们就与黑颈鹤约定,在黑颈鹤头上插上三根人的头发,表示黑颈鹤是人的同类。双方约定,人鹤之间互不损害。人类恪守承诺,感化了黑颈鹤,从此黑颈鹤不再啄食庄稼。传说虽然无据,但迄今为止,汤满村的村民依然信守着传说中的承诺,保护黑颈鹤。

每年年末,汤满村村民代表要聚集在村子下的白塔旁,举行诚信宣誓仪式。誓言的内容是每户人家砍伐树木的数量是有限制的,如规定柴火堆长度是六米五,不准随意砍伐树木,不准砍香叶,也不准收集林下松叶,捡干柴……誓言是底线,在这里没有人敢超越底线。在外人看来,将木块放在头顶宣誓有些滑稽,而对汤满村村民代表而言,诚信宣誓是一次生命的盛大契约,是个体生命对整体生命承担义务的契约,更是一次特别的、触及心灵的、尊重环境的、虔诚的仪式。儒家有言:"诚者,天之道也;思诚者,人之道也。"藏民们则通过宣誓仪式来表达他们的诚信。诚信是大自然的规律,追求诚信是人类追求真理的表现。有诚心,人类才能稳健地生活在大地上;守信用,人类才能在交流中体现价值。不论民族,不论地域,诚信永远是任何交往中的道德金律。

三、有诺必践立诚信

"兴科技,创繁荣,小康在望;讲文明,立诚信,和谐必臻。"这是江西婺源汪口村俞汉寿为村民叶久家新修的堂屋写的一副楹联。耄耋之年的俞汉寿几十年来为村民写了上千副楹联,不少楹联中都有"诚信"二字。由于汪口村历代推崇诚信之德,耳濡目染,俞汉寿已习惯将诚信作为美德写入楹联中。

俞氏先祖自明永乐年间"亦儒亦商"跻身于徽商行列,徽商商训云:"斯商:不以见利为利,以诚为利;斯业:不以富贵为贵,以和为贵;斯买:不以压价为价,以衡为价;斯卖:不以赚赢为赢,以信为赢;

斯货:不以奇货为货,以需为货;斯财:不以敛财为财,以均为财;斯诺:不以应答为答,以真为答。"徽商以诚为利,以信为赢,诚信在徽商看来既是赚钱的手段,更是高尚的道德标准。以诚信赚钱,是立德于人,取利于诚。跻身徽商行列的俞氏先祖能够在茶、木二行稳执牛耳,就在于严谨地遵守徽商商训,将诚信作为立身兴业之本。

汪口村在建村阶段就体现出对大自然恪守诚信的原则。北宋大观年间,朝议大夫俞杲为避战乱率族人迁居于此,风水先生认为村口对面是向山,石壁林立是"万箭穿心"的风水,不宜居住,只有向山上栽满树木才有利于子孙。经族中长者商议,俞氏家族要在向山上植树造林,改变村庄风貌,改变风水。为实现这一目的,家族规定,汪口村俞氏族人外出当官经商、求学访友者回家要带两株树苗,并亲手种在向山上。俞氏家族信守了对向山的承诺,俞氏族人信守了对家族的承诺,经过200余年的植树造林,向山绿树成荫,汪口村成为风景美、风水佳的宝地。从向山上绿树成荫开始,汪口村日趋繁荣。俞氏族人非常看重先辈们重视的树林,并依据祖先对向山的承诺,制定了乡约"禁止砍伐向山上的树木,违者严惩"。这一乡约又成为俞氏子孙对先祖的承诺。明代初年,俞氏一位乡绅的儿子砍伐向山上的树木,该乡绅信守乡约,杀其子以昭诚信。为砍伐树木而造成血案,骇人听闻,但俞氏信守承诺的精神却不应轻易否认。

俞友鸿是古建筑修复公司的老板,2014年他承揽了邻村两栋古建筑的维修工程,经造价评估,维修费用是70万元,维修预算中不包含厅堂大梁的造价。但修到屋顶时,经过仔细检查,他发现厅堂大梁部分腐烂,需要更换,更换的费用为1万5000元。为了遵守对用户的承诺,他在更换大梁完成工程后,并没有增加工程款预估价。

他认为信守诺言比金钱更为重要,他的举动让用户有些意外,同时也对他为他人着想、诚信做事的品格十分钦佩。这件事为他在古建筑修复界赢得了良好的口碑。

年逾五旬的俞炳南经营着当地一家茶厂,他是继承祖业,清末他的曾祖父在汪口开办商号经营茶叶,他的祖父已成为婺源县最大的茶商。祖先们强调的诚信理念被他阐释为"说出去的话要兑现的,怎么讲就怎么做"。2002年他开设茶厂,承接的第一笔订单是十几吨出口非洲的绿茶。他的经营方式是给固定的贸易公司供货,集小样对大样。第一批出产茶叶送到贸易公司,被告知与样品不符。他仔细检查设备后发现茶叶的颗粒比样品要大,影响了整体品相。于是他主动提出全部退货,自己将茶叶运回婺源,他认为只要出现一点点偏差就是失信于人。几天后,他带着重新生产的绿茶赶到贸易公司,对方不仅对茶叶质量十分满意,更被他诚信经商的态度感动。诚信为他赢得了声誉,良好的声誉使他的生意越做越大,现在他的茶厂已成为婺源数一数二的出口企业。

汪口村不自掩其丑,俞氏曾经出过一个叫俞无良的商人,他做生意缺斤少两、以次充好,有一天遭到雷击,账本被烧毁,汪口村还因此产生了两句顺口溜"雷鸣轰轰轰,吓死无良公"。从名叫"无良"来看,这应该是传说,但通过这样的传说,足以看出俞氏宗族认为不讲诚信就是无良,不讲诚信的人应该被雷劈,这已不是简单的道德谴责了。

俞灶庆是十里八乡有名的蛇医,他在开办这个诊所时就承诺,被蛇咬的可以先抢救,再收钱,没钱可以赊账。对家庭收入低的,他只收取药费。他做出这样的承诺是受到自己老师舒普荣的影响,舒普荣不仅没有收俞灶庆的学费,还让俞灶庆免费在自己家里吃饭。俞灶庆许下诺言,要做一个像老师那样品德高尚的医生。从1982年行医至今,俞灶庆始终恪守承诺,将治病救人放在首位,对家庭困难者免费治疗,多年累积减免的医药费达十几万元。俞灶庆不因自己生活不宽裕而改变自己的承诺,他始终坚持要讲信用,认为这是对恩师的最好回报,同时也是在践行俞氏先祖诚实守信的训导。

俞有桂是汪口村第一个私营企业家。1988年他在自家后院办起了木雕厂,开业伊始,本钱短缺,家里只有2000元钱,而买一车木头就要过万。从信用社贷款1万元让他迈出了创业的第一步,创业之初,木雕市场不景气,辛辛苦苦干一年,利润还不够1万元,有人劝他先拖一拖,等生意做活了再还贷。俞有桂为了信誉,毅然决然地按期还贷,目的是为了保住自己的根——信誉。他认为没有信誉,寸步难行,什么都做不了。从木雕厂开业,至今已有30余年,生意做大了,资金盘活了,俞有桂依然把诚信摆在首位。赚不完的钱,丢不得的诚信,信守承诺的理念依然在规范着他的经营。

和俞有桂一样,汪口村很多农户都办理了贷款,这些农户无论是做生意赚了钱还是亏了本,个个都是按时还贷。2001年汪口村被评为婺源县第一批文明信用村。"勤劳创业千家喜,诚信为人万事兴",在这副通俗、直白的对联中,显示着汪口村人对勤劳的赞赏,对诚信的推崇。勤劳表现为个人的勤奋和恒心,诚信则体现在面对社会、面对人生时的道德品质。要想事业发达、宏图大展,除了抓住机遇,更需要在道德上自律,讲诚信,在交往中以诚感人、以信服人,让诚信成为成功的有力推手。

四、无信不立学吃亏

晋商、徽商、潮商被称为中国三大商帮,至清代晋商财力雄厚,成为三大商帮之首。"富贵不还乡,如衣锦夜行",劳碌奔波于天下谋利,发财后晋商纷纷在家乡起屋建堂,在三晋大地上留下了乔家大院、渠家大院、曹家大院、王家大院、常家庄园等聚家族而居的宅院,其中位于灵石县静升村的王家大院的兴起极具传奇色彩。富甲一方的王氏,其先祖是做豆腐的。

700年前的元朝皇庆年间,王实从太原迁居于静升村,王实兄弟四人分别叫王忠、王信、王诚、王实,"忠、信、诚、实"是兄弟四人的名字,也是王家处世做人遵循的道德原则。王实忙时务农,闲时做豆腐,他做的豆腐真材实料、注重工艺、质量可靠、气味纯正,且在交易时从不缺斤少两。货好,人朴实,他很快就在当地赚得了好名声。有一天他卖豆腐回家时,遇见一位病倒在路上的老人,出于同情,他将老人背回家中,精心照料几个月。恢复健康的老人为报答王实,为他在静升村找了一块据说风水极好的宅基地。王实当时无钱,没法买地,但静升村的村民相信王实的为人,为王实留下这块宅基地。经数年靠务农和卖豆腐挣的钱,王实买下宅基地,并修建房屋,他的后代们顺着这块宅基地继续兴建住宅,静升村村民将这一带称为"王家巷"。王实实心待人、诚信持家的处世方式,被后代尊崇效仿,逐渐成为家风。后来王氏以经商为业,成为晋商中影响力相当大的家族。

晋商具备勤俭、诚信、礼让的品德,这三种品德中,勤俭用于律己,礼让用于交往,诚信则用于待人接物、为人处世,个人价值要通过诚信表现出来,才能得到社会认可。诚信是晋商三德的核心。"诚信待客,信誉为本。""有恒有兴有德,仁和礼运;无次无假无欺,信征义方。""为商贾托天理常存心上,不瞒老不欺幼义取四方。""宁叫赔折腰,不让客吃亏。""温良恭俭让,让中能取利;仁义礼智信,信内可求财。""利以义心乃足,信实自招千里客;交以道人言睦,公平能取四方财。"从以上晋商悬挂的楹联足以看出,晋商的诚信是信誉的根本、致富的源头,做到诚信必须无次无欺无假,不能让客人吃亏,晋商以"公平合理为信""以义取利为信""一诺千金为信"。王氏将家风中的诚信与商业道德中的诚信巧妙地融合了起来。

康熙年间,王氏第16世后裔王寅德与他的一位朋友在天津合伙做生意。生意伙伴突然去世,又没有留下遗嘱。王寅德与朋友合伙时,也是口头约定合伙的方式和红利分配方式,而王寅德与人合伙之事知者甚少,只要他不认账,钳口不言合伙之事就可以独占本金,独吞红利。王寅德在当年算完账后,请来合伙人家人,说明原有协议,并按照原有协议将本金和红利分给了合伙人的后人。王寅德不负逝者之事,广传津门,从天津至北京的不少大商巨贾都争着与王寅德合作。王氏第20世后裔王廷仪,在天津恒源当学徒时,除谨慎勤快、见事做事外,还能恪守店规,发扬家族所传的诚信家风。一天,当铺里来了个洋太太,愿意用高价买别人典当的一只翡翠手镯,掌柜见获利甚多,就让王廷仪尽快取出手镯,以便做成这笔生意。王廷仪支支吾吾,找了片刻,还谎称一时找不到钥匙,这笔生意没有做成。洋太太走后,掌柜很生气,王廷仪对掌柜解释道:翡翠手镯当期未满,不能为了赚钱就失信于人,没有信誉,恒源当何以恒久?另外,他根据当时天津发现的几件诈当、骗当的事例向掌柜说出了他的假设,如要买手镯的洋太太与典当者是同伙,当铺将手镯卖给洋太太后,典当者来赎当,当铺不能将原物交付,典当者就可以趁机讹诈。因此坚守诚信既是对顾客负责,也能为经商者提供保障。他的做法和见识赢得了掌柜的赏识,这件事成为他事业的起点,33岁他就担任了天津恒源当三大当铺的总经理。

王氏家训中有"学吃亏"这样一条,并被制成匾额挂在王实第16代孙王世泰的宅院里。王世泰在清嘉庆年间经营着整个黄河以东的榨油生意。经营如此庞大的生意,他依然坚持吃亏是福的经营理念。他每卖一斤油,自己要搭五钱油,表面上他吃了亏,实际上他赢得了客户,从小本生意靠舍得吃亏,造就了王家的商业传奇。吃亏是晋商成功的商业秘诀,学吃亏是不把经营看成单纯的竞争,而是在经营时将顾客与合伙人的利益放在首位,主动让利给顾客与合伙人,从长远来看,赢得了人心,必然会赢得商业上的成功。

静升村90%的村民是王氏后裔,张、闫、吴、孙等姓氏的村民占10%。大家虽姓氏不同,但都尊崇着共同的村风——诚信。年逾七旬的孙福宝每天都到传了6代人的福宝豆腐坊去把关,他知道机器做豆腐人轻松、产量高、挣钱多,但为了保持豆腐坊的声誉,至今坚持手工制作豆腐。他经常用王氏先祖王实的话来告诫儿子,"入口的东西不能唬人哩",所以他家豆腐坊将卫生摆在首位,其次特别重视选料,选好豆子后再把好水的质量关,不许用含碱的水,在点浆的时候温度不能低于80 ℃。孙福宝把关不仅是为保证豆腐的质量,也是为了通过质量合格、分量足的豆腐显示从王家古巷传承下来的诚信。凭着这份诚信,福宝豆腐坊的豆腐不仅在静升村销路好,其至被认可福宝豆腐坊的顾客带到太原、榆次、北京等地。孙福宝非常重视回头客,他认为回头客是冲着福宝豆腐坊的诚信经营而来的。

在静升村处处可见宣传诚信家风的楹联、匾额:"凡语必忠信,凡行必笃敬""勤治生,俭养德,四时足用;忠持己,恕及物,终身可行""铭先祖大恩大德恒以礼义传家风,训后辈务实务本但求清白在人间""规圆矩方,准平绳直"。这些楹联、匾额在悠长的岁月里已不仅是供人们欣赏的景物,更重要的是让静升村的村民用楹联、匾额上的文字来衡量自己的道德追求,来缩短自身与他们追求的道德境界的距离。

第七章 一生有成唯在勤

——勤能补拙的从业守则

"体不勤劳谷不分,毅然植杖俯而耘。从前一向空担板,大道元来亦未闻。"南宋诗人张九成在诗中感慨,懒惰者分不清稻谷和野草,进而要求人们勤劳地进行耕耘。诗句中用稻谷、耕耘作为比喻,强调人生在世不论在哪行哪业,都必须勤劳才会有成就。勤劳和勤奋在意义上有相同之处,"一生之计在于勤"中的勤指的是勤劳,"业精于勤荒于嬉"中的勤强调的是勤奋,"天道酬勤"中的勤既指勤劳,也指勤奋。

勤劳、勤奋,历来被人们作为美德。"书山有路勤为径",学习需要勤奋;"蚕桑辛苦从渠妇,稼穑勤劳任我儿",事农桑者需要勤劳;"勤劳养尊老,膳味日可重",年老者要通过疲劳筋骨来锻炼身体,增加食欲;"勤劳至没身"是褒奖忙碌于国事至死的官员……勤劳、勤奋在各行各业,在人生的每个阶段都发挥着巨大作用。有句成语"勤能补拙",勤何止能够补拙呢?勤是创造万物、推动历史进步的重要动力。

一、勤劳农耕勤奋学

600余年前,洪武皇帝的诏书开启了江西填湖广的移民潮。张家界市石堰坪村人的祖先从江西一路西行,穿越了湖南,迁徙到湘西武陵山区的张家界。这里山高路窄、岩多田少、坡坎陡峭,迁徙者因石壁甚多为此地取名石堰坪。勤生财,俭积富,石堰坪严酷的自然环境并没有让移民们退缩,石堰坪人的先祖们用勤劳的双手凿石开荒、垒埂造田、挖沟导渍,在解决生产的困难后,又利用大山给予人类的石头、木材烧砖制瓦,架梁造屋,很快在这里形成了耕读传承的村庄。勤勤恳恳的劳作成为石堰坪人与土地打交道的方式,也成为石堰坪人祖先留给后代的最宝贵的精神财富。

人气驱走了以前在山谷里弥漫飘荡的雾瘴,也让危害人类生存的毒蛇猛兽向远处逃窜。移民们在这里创造了安居乐业的生存场所,也认识到了自己的力量能够改变命运。这种领悟被一代一代地传承下来,形成勤劳的家风。石堰坪村有34姓,600多名村民,全姓村民占全村人口的三分之二。

年逾八旬的全如阶身边有成年的儿子奉养他,在别的地方像他这个年龄的老人一般都不再承担劳作,最多也就含饴弄孙,稍微为后代们在忙碌中搭一把手,但习惯在劳动中正视自身价值、找到自我、享受欢乐的老人依然闲不下来。他每天天明即起,为家里人做好早饭。吃过早饭后,要么到菜地浇水、施肥、移栽、除虫,要么下水田扯稗、薅草,农活不多的时候他就到山坡上砍柴,他有做不完的事。即使回到家中,他也忙着搓绳子、打草鞋。对老人而言,忙碌不仅能给他带来精神上的快乐和满足,亦成为身体上的需要。农忙时节,邻里间有需要他搭把手或帮点忙的事,他从不推辞,他通过勤劳铸造起良好的乡亲关系,赢得他人感谢和尊重。乡亲们也都和他一样,乐于助人。他始终认为人应该靠自己的勤劳自立,所以他更愿意自己帮助别人,但很少接受他人的帮助。他9岁丧父,就依靠务农自立,他用勤劳养活了一家8口人,用勤劳盖起了房屋。当儿女们都成家立业,他应该颐养天年时,他依然做着农活、干着家务,还养了20多只羊。勤劳使他身体健康,头脑灵活。高龄的他依然可以口齿清晰地用他从家风中得来的教诲告诫后辈,"勤俭生富贵,懒惰出贫穷""有一份力,发一份光""多一份劳动,多一份收获"。这些话从他嘴里讲出来,已不单纯是家风的继承,更多的是他自身的领悟。

石堰坪村有30多个姓氏,不同姓氏的家训都强调勤劳和勤奋。如全氏家规中重农桑的条款下写着:"衣食之道,生于地,长于时,而聚于力。本务所在,衣食所在也。""聚于力"是对勤劳的最好注解,勤劳于农桑就解决了生存之必需,这不单纯是指体力的付出,也包括勤于对农业经验的总结。"族中地繁,虽有高下燥湿之殊,高燥者宜黍稷,下湿者宜秔稻。"勤于总结经验,才能妥善安排农作物的种植,才能充分地利用土地。在倡导勤劳的同时,全氏家规中也有"游手好闲,群饮聚博,不事生业,皆为匪类。族长必痛惩之"的规定。这是将懒惰者、贪图安逸者、赌博者、不从事正当职业者定性为匪类,族长的职责之一就是严惩这些匪类,奖勤罚懒在石堰坪村适用于所有的姓氏。新中国成立后,虽然废除了在祠堂中鞭打杖责懒惰者的刑罚,但舆论的指责会让懒惰者在石堰坪村很难受到村民的尊重。

石堰坪村远离大的城镇,基本形成了相对封闭的、行业门类较全的、自给自足的山村。在这里,村民要么务农,要么从事其他职业。每一个人得用自己的劳动养活自己,支撑家庭,这才会得到当地社会的认同,受到其他社会成员的信任。

龚钻宝从事榨油40余年,俗话说"油坊里累死懒汉",不会主动找活干、干活时舍不得出力的人,不可能在油坊里站身立足。龚钻宝已年逾七旬,依然是油坊的领班工匠,受人尊重。他不愿闲在家中,理由是不干活就会筋骨疼痛,不生大病生小病。在他看来,能够劳动是一件让人心情舒畅、身体康泰的事。有些人身体条件不如人,这不能成为不务正业的理由。全昱民身材矮小,在干农活或从事体力劳动时比同龄男子差得远,但他没有因这个原因就放松对自己的要求。他不愿意被村里人看成懒汉,先是外出打工,后来主动地学了厨艺。这里的厨师不仅要求能够做菜,有些菜的原料还要求厨师提供。例如传统菜火连圈所用的黄鳝,就需要厨师自己从河边树根的洞里捕捞,其任务之繁重远非城市里厨师的工作可比。全昱民除了认真仔细学习传统菜肴的做法,还努力提升自己的厨艺。他的勤劳得到村民认同,村里的食堂被他承包,他为村民提供的服务使他在石堰坪村找到了自己的位置。

石堰坪村强调的勤除了从业上的勤劳外,还指求学上的勤奋。全氏族规中勉勤读的条款下要求"少年子弟父兄教以读书",要求后辈人"立志于青云之上,勤心于黄卷之中"。石堰坪村民认为读书有两个重要作用:其一是读书明理,开化乡民,让读书者明白为人的道理,能在社会活动中做到将个人价值体现在为民族、为国家这一层面;其二是通过读书让村民知道村子外面的世界,增长知识,扩大见识,能更正确地看待世界。由于山深路遥,石堰坪村在历史上未出现过渊博学者或知名文人,但其村民并未放弃勤奋地追求文化、追求知识,不少人通过勤读走出山村。为了让其子孙能下山读书,以免在崎岖的山间小路上花费两个多小时跋涉,也避免被生活在山林中的野兽伤害,村民全洪松的曾祖父、曾祖母两人用了一年的时间,靠人力从山上修了一条路直通山下,修到有大路通学堂的地方。前人种树,后人乘凉,在石堰坪村,前人修路是为了后人开阔眼界,走出大山,改变命运,面向未来。

勤劳、勤奋,也许还应该将用勤组成的词,如勤恳、勤勉、勤俭,都归结于石堰坪村与勤有关的家规中。无论从江西移民的迁徙史、石堰坪村的开创史、600余年的发展史,或正在浓墨重彩书写的未来,都表现出石堰坪村人勤劳的精神。

二、人勤何惧峰峦险

"石磨石碾石头墙,石桌石凳石头炕",位于河南省辉县太行山南麓的郭亮村村民的祖先们,用石头、石板建起了100余间太行石屋。在海拔1200米的山崖上据险守峻,峭拔的山峰将郭亮村与外界隔绝。郭亮村的祖先们在与世隔绝的环境中,面对严峻的自然条件,依靠勤劳在这里安身,也依靠勤劳来谋求发展。

元末明初,申氏先祖是曾在山西任职的元朝官吏。为避免被明朝大军杀害,这位先祖改姓申,并将家中大铁锅砸成18块,族人每一户各执一块,分别逃亡他乡,约定将来见面以锅块为凭,认亲团圆。其中一个家族流落到太行山南麓,定居于以东汉时农民义军领袖郭亮命名的郭亮村,故而迄今郭亮村以申姓村民为主,被称为"大锅申"。当时山上无路,申氏先祖攀援进山后除了极少的生活用品外,居无屋、食无肴。经过住岩洞、开荒田,数代人的辛勤劳动,终于建成了这座"崖上山村"。申氏先祖的勤劳不仅表现为开山造田、凿岩造屋,也表现为勤于思索,巧妙地利用山中原有的自然资源创造了自给自足的山中世界。也就在这一时期,申氏先祖用勤劳创造了太行山上的一个奇迹——天梯。天梯是郭亮村村民在绝壁上凿出来的一条出山小路,垂直高度近百米,宽不过一米,有430多级石阶。三国时期曹操在翻越太行山时,写了一首《苦寒行》,描写太行崎岖山路和恶劣自然环境的诗句为:"北上太行山,艰哉何巍巍!羊肠坂诘屈,车轮为之摧。树木何萧瑟!北风声正悲。熊罴对我蹲,虎豹夹道啼。溪谷少人民,雪落何霏霏!"申氏先祖能用最原始、最简陋的工具凿出天梯,正是靠着自强不息的勤劳。天梯为郭亮村提供了与外界沟通交流的渠道,这种沟通何其艰难啊!郭亮村的牛、羊、猪等牲畜大多是在小犊子时就由村民从"天梯"抱上来的,喂大后若想卖给外村,还得绕30多里的山路才能转下山。要从郭亮村走出来,人们得手脚并用,攀援上下,且不愿走空路。

山路险峻崎岖,阻碍了郭亮村的发展,改变困难的交通环境是郭亮村人几百年来的梦想。1971年的秋天,村民为了摆脱世代穷困的宿命,让子孙不再行走于险峻的天梯上,经村党支部书记申明信的提议,村民申新福、王怀堂、申福贵用绳子测高度、距离,自行设计公路,用土法绘图,将图拿到县里向专家请教、征求意见。在没有外界投资的情况下,1972年村民自发卖掉山羊、山药,集资购买铁锤、钢钎;在无电力、无机械的恶劣条件下,村中13名壮劳力组成凿洞突击队。他们腰系着麻绳,悬于峭壁之上,顶着风雪,握紧钢钎,舞起铁锤,在红岩绝壁上凿出一排排炮眼。村民们在思想上做好了最充分的准备:10年修不成修20年,当代人修不成,后代接着修。"天行健,君子以自强不息",自强不息的精神使这个仅有90个劳动力的村庄,无论老幼都成为最勤劳的筑路工。青壮年打炮眼,妇女、老人、孩子在放炮后清理现场,搬运碎石。郭亮村海拔高、耕地少、无霜期较短,一年只能种一季农作物,全年粮食收成不过8万余斤,这8万余斤粮食是全村几百口人的全部口粮。13名突击队员每天只有0.12元的伙食费,玉米粥、玉米饼、窝头野菜便是他们的一日三餐,每人每天只有两斤玉米的配额。生活再艰苦,突击队员依然咬着牙坚持。1975年年底,工程进入了最艰苦的阶段,为筹工程款,全村男女老少都出动了,他们到山西陵川县挖种树的鱼鳞坑,挖了一冬一春,挣到工钱3100多元,全部用来买钢材、雷管、导火线、炸药。没有用任何机械,郭亮村人历时5年,硬是在绝壁中一锤一锤凿出了2.4万立方米石方,打秃钢钎12吨,打烂了的铁锤有4000多个。老人、孩子都轮流走上隧道工地,清理石渣,大石块用手搬,小石块用筐抬、用篮子挎,人人肩头成茧,十指流血。1977年5月1日,长1250米、宽6米、高4米、有35个天窗的郭亮洞正式通车。这条挂壁公路被称为"世界最险要十条路"之一、"全球最奇特十八条公路"之一。

郭亮洞通车为郭亮村人提供了新的发展机遇,机会只属于勤奋的人,郭亮村人用自己的勤奋把机遇变成了现实。石匠刘看福23岁时是筑路突击队的成员,40多岁时为发展本村的旅游事业,放弃了在山外打工丰厚的收入,与弟弟一起承担了一段开路的工程。村里能支付的工资仅为山外打工工资的一半,且工作量极大。刘看福兄弟不仅是石匠,还得当搬运工,将石块和水泥背上山,他们每天清晨带着干粮上山开工,中午就着溪水啃干粮,到晚上才下山回家。兄弟二人花了2个多月时间,铺设了432块石条,修筑了108级台阶,村民称这条路为"好汉梯",取义为这是好汉修的路。"蜂吐蜜,蚕吐丝。只要勤快,什么都有了",刘看福完成了村里基础设施建设后,在55岁开始饲养中华本土蜂。这种蜂实际上是野蜂,首先得收集野蜂,再将野蜂驯化。10多年来刘看福经历了多次失败,有时失败会导致他血本无归,刘看福总是勤奋地总结经验、从头再来。勤劳不负苦心人,刘看福终于有了50多箱中华本土蜂,他用勤劳造就了太行山上的"甜蜜事业"。

郭亮村人用勤劳抓住发展机遇,如突击队成员后裔申建青从小受父亲的影响勤劳能干,勤于思索,村里人称他"点儿长"。他养鸡、养羊、养猪、跑药材、卖木材,他是第一个向辉县信用社贷款、第一个开始招工用人的郭亮村人。他修起了集吃、住、游于一体的郭亮宾馆,为本地旅游业升级换代,他购置了两辆观光旅游车,现已发展到13辆,投资百万元在郭亮洞对面的悬崖上修建了观光平台和新一代农家乐"崖上人家"。他不仅当老板,也当司机、导游,他因勤劳致富,也因勤劳而满足。

自强不息的精神在郭亮村人的身上表现为勤劳、勤奋,勤劳和勤奋使他们在恶劣的自然环境中为发展打下基础,在发展的道路上又绘制着新的宏图。有人将太行山上的挂壁公路称作"第九大奇迹",这奇迹就是勤劳、勤奋创造的。

三、事业有成靠勤励

北宋末年江西吉水人邓汉黻率领家人、亲族,迁徙至香港元朗屏山村,迄今已有800余年。经邓氏历代子孙经营建造,在这里形成了一个青砖灰瓦的古老村落。雕梁石柱精巧玲珑,祠堂神龛肃穆庄严,匾额楹联意深词雅,传承于斯的邓氏家族的家风,潜移默化地激励着邓氏后裔当为必为,不后于人。

屏山村邓氏家训计有14条,大多涉及伦理、道德、求学、社会往来及对国家应负的税收义务,与同时期从中原进入香港地区的彭、林、陶、侯、吴、文等姓氏家族大同小异,有特色的是第 7 条"勤职业",其内容为:"士农工商各有职业,勤则有功,惰则无益。常见游荡之子无所事事,窃为旁观者讥,甚至为父老辈所不齿。迨后家业稍乏,上而父母,下而妻子,不获仰事俯育,识者伤之。故惟能勤则四民皆足以致富,终身衣食享之不尽,父母妻子赖之以安。有志者,事竟成,尚其念之哉。"这条家训表现了平等的职业观,平等的依据是各种职业"勤则有功,惰则无益",并指出无所事事的游荡子不仅会成为社会讥笑的对象,也会成为亲人们看不起的包袱。无论选择什么职业,只要做到勤,就能"四民皆足以致富"。"有志者,事竟成",在这里勤由行为准则、从业道德上升为志向。邓氏先祖在定"勤职业"这一条款中,独具慧眼地不讨论择业,而推崇勤励应充分地表现在每种职业活动中。这种勤励精神适应了香港发展的需要,因而邓氏的优良家风因其作用显著而得到了中西文化融合的香港社会认同。中国人推崇的勤劳、勤奋、勤恳,加上西方文化中强调的标准化、规范化、效率化,构成了今天香港普遍使用的勤励一词。

要勤励就需要"戒怠惰",邓氏家规六戒中将其摆在首位:"先王驱游惰而归之,农崇本业也。人不务本,衣食何求?近见人家子弟,不士不农,不商不贾,游手好闲,日则三五成群,东奔西逐,夜则比间交欢,道长说短,红日高上,尚卧内床,金鸡唱午,方醒睡眸,以致家业萧条,妻子无靠,所谓懒惰成饿莩,此之谓也。兴言及此,偷惰宜戒。""不士不农,不商不贾"的不愿从业者,会成为游手好闲的怠惰者。怠惰者拉帮结伙聚在一起,喜欢说长道短、无所事事,以昼当夜、昏睡度日。"懒惰成饿莩"是邓氏先祖对子孙们的警告。

因家规严,邓氏家族中很少出现好逸恶劳之人。宋末元初邓氏子孙邓冯逊志大才疏,在很多地方都得不到重用,他没有怨天尤人,而是回到家乡静下心来发奋读书,"锥刺股"成为他克服读书至深夜瞌睡的方法,勤勉使他终于实现人生目标,成为在福建任职的地方官。习惯成自然,为官期间,他勤勉做事、政绩卓著,为邓氏家族争光,成为邓氏后人学习的楷模。"业精于勤,荒于嬉",韩愈的这句话被邓氏先祖作为训诫后代的家规。邓氏不少后人勤勉自励,收敛了贪玩之心,让自己百尺竿头更进一步。经常回屏山村寻找内心宁静的邓昌宇医生现小有成就,他儿时非常贪玩,经常被老师留堂,回家后又被父亲训斥。只要能玩耍,他就将老师的教诲和父亲的呵斥抛在脑后。有一次父亲将他带到祠堂,和他一起长跪在祖先牌位前,给他讲述了邓氏家族的故事和家训,要他以长子的身份要求自己,要勤奋读书,做弟妹们的表率,为家族增光。邓昌宇从此牢记《三字经》中的"勤有功,戏无益",认识到自己应该将这句话用来警戒自己,他从此不再贪玩,除了比别人多花时间读书,他还养成了"勤读、勤思、勤问"的学习习惯。1985年他以全A的成绩中学毕业,当时香港人称这样勤勉读书的孩子为"8A状元"。"一分耕耘,一分收获",从小学五年级被留堂到中学毕业得到"8A状元",从学医到自己开业,他用勤励铺平了通向理想道路上的坑坑洼洼,用勤励为自己事业的上升创造着条件。同时,他为对自己的子女负责,一直用勤励来引导子女、感染子女。

屏山邓氏家族第26代孙邓达智每天早上都要燃香、敬水、拂尘,祭拜祖先,表达他对祖辈的敬仰和感激。他幼年经常听长辈讲述邓氏先祖的故事,邓氏先祖勤励从业的教诲深植于他心底,祖母爱用"好仔不论爷田地,好女不论嫁妆衣"来激励他,要求他牢记:行行出状元,不要依赖父母,不仅书要读得好,还要勤励从业。尽管家境优越,邓达智没有依仗家里的钱财,而是闯出一条属于自己的路。他在英国留学时,按自己的兴趣而不是按父亲的要求选择了专业,父亲断绝了钱财上的供给,学费、生活费等开销都需要他自己解决。他求学3年都是边读书边在餐馆工作,在餐馆工作就是为了节约一顿饭钱,另外可以赚到学费和生活费。每天放学后,他都要赶到餐馆上班,路过名品店聚集的街道时,他充分利用这个机会来观看和学习其他服装设计师设计的奢侈品,然后在餐馆连续工作5个小时。他身上淋漓尽致地体现了执着的勤励精神,这种精神让他的才华得到了完美的发挥。回到香港,他很快成名,但他并未满足,他将开在中环的商铺搬回了屏山村,他要从传统的中国文化中汲取营养。勤励使他不断地追求,让他攀上一个又一个成功的阶梯。邓达智认为勤奋是做好事情的基础,勤奋不是一种外来的动力,而是从内心涌出来的一种能力。

邓氏家风显示着中国的古老文化传统,这种传统与西方文化在邓氏家族产生过激烈的碰撞,造就了邓氏家族独特的精神状态,这种精神状态适应了香港发展的需要。香港人接受西方文化中的有益部分,又从古老的中国文化传统中汲取了民族美德,两种文化在这里共生并存,相互交融,逐步走向了融合,在香港形成了一种共识:"一生不停止的勤励步伐,才是自己拥有的最大财富。"

四、勤勉尽职创繁华

"不思创业苦,孺子太荒唐。带落八角井,帝运终不昌。"这几句打油诗在成都附近的洛带镇流传了一千多年。相传三国时期蜀汉太子刘禅贪图安逸、嬉戏无度,听到人说"万福"镇的八角井井水甘甜、充盈,井水喷涌而出形成池塘,池塘中生长的鲤鱼肥美鲜嫩。于是他来到八角井池塘想要捉鱼。众太监下池塘折腾了半日,却仍一无所获。这时一位老人刚从池塘里钓起一尾大鲤鱼,刘禅便命人上去抢夺,拉扯间鱼掉到了水里。刘禅不顾自己的身份,跳进井里捉鱼,没有将鱼捉起来,反而将身上系的玉带掉到井里,他出来后钓鱼老人已无影无踪,只留下一张写着打油诗的纸条。于是万福镇改名洛带镇,洛带与落带谐音,后人称呼这里即以谐音为名。这个传说是对亡国之君刘禅的讽刺,在国人眼中刘禅是"扶不起的阿斗",是信任宦官、不思进取、重享受、轻开拓的荒唐之君。乐不思蜀是刘禅的昏庸写照,落带的传说也是在告诫世人不能忘记创业之苦,进而勤奋于学、勤劳于事。

在明末清初,四川屡遭兵祸,城镇乡村大多毁于战火,田地抛荒,以致人口急剧减少。到清康雍乾三朝,朝廷连续颁布了《招民填川诏》,令百姓从湖南、湖北、广东、福建、江西向四川移民。为让移民欣然就道,朝廷官吏在介绍移民迁入地的情况时,尽可能掩盖真相,夸大其词,吹嘘迁入地的状况,不少移民被虚假宣传骗到四川。江西客家人刘立璋在江西年年辛苦、年年入不敷出,连媳妇都娶不上,官府贴出的告示中将四川描绘成"天府之国",为改变命运,刘立璋和兄嫂及刘希载等7个同乡一起动身入川。行至中途,其兄刘立琼感染风寒后不治身亡,同行者看着刘立琼的新坟,倍感凄凉,有的人动摇了,想返回江西。刘立璋说,与其缩头缩脑地回去,不如我们一直往前走到四川。客家人不走回头路的信仰给了刘立璋勇气,

"只有上不去的天,没有过不了的山",刘立璋用自己的勇气鼓励了同行者。他们一路跋涉到了洛带才知道,良田早已被先期到达的移民占完,剩下的都是周边相对贫瘠的山地和不利于耕作的黏土地,就是这样的土地,他们已不能像先期移民那样采取"圈占"手段,要么听凭官府将其安插在丘陵荒芜之地,要么通过租佃的方法从先期移民手中取得土地使用权。面对官府分配的丘陵荒地,刘立璋没有气馁,他相信"只要勤耕耘,山地也能变良田"。靠着一己之力,他挖出一个大堰塘,每天挑水灌溉,经过几年的辛勤劳作,刘立璋将靠天吃饭的旱地,改造成了百亩良田。有此基础,刘立璋更加勤劳,终于在洛带站住脚,娶妻生子。不同于人们常说的成家立业,刘立璋及其寡嫂是立业成家,经过几代人不吝惜汗水的勤奋劳动,刘氏逐渐成为洛带一大望族。洛带人将从外地迁徙来的一世祖尊称为"公",像刘立璋这样奠基开业的创业"公",为这片荒芜的土地提供了改换命运的力量,使荒地变良田的过程中造就了人气,并在为子孙留下财富的同时也留下了用血汗铸成的勤劳二字。和勤劳的精神相比,财富显得微不足道,至今洛带的客家人都保持着勤劳的家风。

"一勤天下无难事",巫作江从白手起家到成为四川有名的巨商,证明了这句话包含的真理。他不是第一代在洛带镇开基创业的一世祖,但他身上丝毫不缺乏一世祖们那种勤劳创业的精神。与一世祖相比,他还多了勤于钻研、勤于思考、勤于总结经验教训、勤于开拓的精神。在兄弟中,巫作江排行老二,12岁时父亲"命之就传受学,亦能日记百余言",家庭环境的艰难让巫作江在15岁时放弃读书、学做生意。他看到在重庆自己打不开局面,就投亲到二叔所在的洛带镇。他到洛带既可以帮叔父务农,也可以在叔父的商铺里经商。勤奋的他不想依人成事，就到酒厂里去当学徒。酿酒极辛苦，吃苦耐劳是当酿酒学徒的入门钥匙。每天凌晨2点，巫作江和师傅就要起床把发酵好的酒糟倒入酿酒池里。为了学得手艺，巫作江起得比他人早，睡得比他人迟，这样就可以做好准备工作，在师傅操作时才能专心学习。"师傅引进门，修行在个人"，强调的是个人必须苦练，苦练靠勤，"教会徒弟饿死师傅"是行业陋规，酿酒师傅是只顾自己做，从来不注重教徒弟。巫作江勤看、勤想、勤请教，不仅向师傅请教，还向别的酿酒工请教，他的勤劳和勤奋被掌柜看在眼里，得到了老板的信任。当成都周边发生战乱，老板携家眷逃回陕西老家，酿酒师傅也纷纷避难而走。巫作江没有离开酒厂，而是抓住了这个磨炼意志、学习酿酒技术的机会。他一遍遍地试验着，又一次次回访买酒的老客户，经过不断地总结经验，他酿的酒越来越醇厚，酒厂生意逐渐活了起来。第二年，老板避难回来，发现酒厂被经营得有声有色，愿意将酒厂赠送给巫作江。巫作江谢绝了老板，老板为了报答他，在原酒厂旁边另开了一间酒坊，交由巫作江经营。巫作江不满足已取得的成就，以酒坊为基础，把生意拓展到粮食采购和加工生意，并开有酱坊、药行、家具行、漆行等。做一行生意，巫作江就把自己当成学徒，他的勤劳让他请的生意伙计都自愧不如，很快他聚集了大量财富，成为成都商界的巨贾。因在成都商界的巨大影响力和为地方建设做出的巨大贡献，他被清政府诰赠为奉直大夫，还题赠巫氏洛带老家祖祠以"大夫第"金字横匾。

洛带镇是以客家人为主的移民村镇，客家人敢于创业、勤于创业的精神是洛带镇不同姓氏的客家家族家风的共同来源之一。随着洛带的经济在客家移民的推动下取得的发展，洛带已成为商铺林立、房舍俨然的繁华集镇,客家移民已不满足于将勤单纯用于创造财富、赚取钱财,他们将勤奋的精神用到了学习之上。国学大师、校雠名家、历史语言学家王叔岷自读书起就养成了手不释卷的苦读习惯,由于得名师指点和自身超人的勤奋,他在抗日战争的烽火中依然能排除外界干扰,潜心向学,即使在日机轰炸时,他坐在防空洞中照旧勤学苦读。他考上北大后,得傅斯年和汤用彤两位老师的教诲,傅斯年要求他"洗去才子气,三年不许发文章",汤用彤要求他"研究学问要痛下功夫"。洗去才子气的他更加踏实、扎实,更加勤奋,"痛下功夫"则让他将做学问的勤奋发挥到极致。至今洛带镇人为了纪念他,将他曾经居住的巷子命名"叔岷巷"并立有塑像。

勤勉尽职是由一世祖们带到洛带镇的精神财富,这精神财富是洛带的繁华之源,是洛带人通向致富之路的精神坐标。

第八章　成由节俭败由奢

——不慕奢华的持家原则

喜用典、善用典、巧用典在李商隐的《咏史》诗中表现得非常充分："历览前贤国与家，成由勤俭破由奢。何须琥珀方为枕，岂得真珠始是车。运去不逢青海马，力穷难拔蜀山蛇。几人曾预南薰曲，终古苍梧哭翠华。""琥珀枕"指南朝刘裕以琥珀合药来治疗金疮，含要物尽其用，不要大材小用，更不要将物用于个人享受之意。"真珠车"是说齐威王认为贤才是宝，珍珠装饰的车子未必珍贵，表现的是不重物而重人才的理念。"青海马"指人才，"蜀山蛇"一句有两重含义，其一是指奸佞小人，其二是蜀王派五丁力士迎接秦国送来的美女，在梓潼见大蛇钻入山洞，力士们抓住蛇尾一拉，结果山崩石塌，力士和美女均被砸死，秦王利用蜀王的贪婪得到了秦兵进攻蜀国的道路。李商隐用这一典故警戒世人勿爱他国之财，勿贪他人之物。通过对诗中典故的解释，就明白诗中的奢一指奢华、奢侈、奢靡，来形容过度、过分、无节制地占有和使用财富，二指重物不重人，贪婪，指斥用物不当和私欲膨胀、害人害己。

与奢相对的是俭，诸葛亮在《诫子书》中云"俭以养德"，节俭是一种生活作风，保持这种作风自然会形成习惯，从而约束个人欲望、规范个人行为。寡欲则心清，自己管住了自己，才会用更高的道德标准来要求自己。同时，俭以珍惜资源，有效使用资源为出发点。儒家后学赞扬孔子具备"温良恭俭让"的美德，俭即节俭。在传统的农耕社会，勤与俭已成为创造财富、积累财富、使用财富的最高标准。

一、俭而不吝利他人

湖北武汉市黄陂区大余湾，是明朝初年从江西婺源、德兴迁居此地的余氏族人聚居地。600余年间余氏族人从垦荒造田、立柱建屋,发展到开榨坊、跑生意,靠勤劳聚集四方财富,逐渐置办田产、兴建住宅,形成了以徽派风格建筑为主体的村落,迄今这里尚有40余栋明清古建筑,供游人参观。游人们在参观古民居后,大多愿意了解该村历史和民风,该村历史让游人注意到修在村后山上的老寨、新寨、谌家寨,该村民风让游人从耕读家风中了解到他们的勤劳勤奋,以及他们积聚财富、使用财富的节俭之风。

武汉有句俗话"奸黄陂,狡孝感,又奸又狡是汉川",这句话是对这三个地区某些不良之风的夸张之谈。武汉人口中的"奸"指小气、吝啬,黄陂区由于人口众多、资源贫乏,在生活上人们不得不看菜吃饭、量体裁衣,这样被冠上了"奸"的名称。在这个意义上,"奸"是一种美德,是节俭的表现。

大余湾的村民祖祖辈辈都秉承着节俭之风,在生活的方方面面都体现着节俭。由于水资源有限,大余湾村民修水渠时,在水渠中修了几个水塘以蓄水,并且按照水的流向确定水塘中水的不同用途。最上游的水塘只许用来饮用,中间的水塘用来洗菜,下游的水塘用来洗衣,再下游的水塘则用来饮牛、灌溉。这既符合卫生原则,也充分利用了宝贵的水资源。现在村中虽然通了自来水,村民依然保持着上游洗菜、下游洗衣的一渠清水分类使用的习惯,自来水只用于饮用。大余湾村民认为这节约了水费,也充分利用了水渠的水。

大余湾村民对待其他自然资源都像对待水资源一样,能耕种的土地按照来水的丰吝,区别为水田、旱地,分别种植着不同的农作物。不适宜种粮食的小块土地被开垦成菜地,为村民提供蔬菜瓜果。即使是后山的风化石坡,也被村民打出鱼鳞坑填上土,种上松树。这里出产石材,村民们并不因为石材开采地离村庄近就大手大脚地使用。村中常见的高达5米的石围墙是用修房子后剩下的边角余料垒起来的,大石块做墙体,小石块填缝,大小石块都得到充分利用,在围墙里面没有用任何黏合剂,完全靠从事石匠手艺的村民前垫后补,斟酌取舍,干码上去的。这种施工方法被称为"木兰干砌法"。

从大余湾走出去的铁路工程师余家琠,在抗美援朝中需要负责重建一座已被炸毁的铁路高架桥,时间紧、任务重、原材料紧缺,按常规设计根本无法完成。余家琠担任设计组长,与苏联专家协商后,决定"以堤代桥",把建高架旱桥的地段改造成特殊的高路堤,这样既能保证按时完工,又能节约大量物资、减少开支。高架桥建成后,朝鲜授予他国家三级勋章,志愿军司令部称赞他是节约有方的铁道专家。节俭的家风被余家琠带出了国门。

大余湾的古民居的大门都是外宽里窄,寓意就是进去的多,出来的少,通俗地说就是多赚钱、少花钱。这在大余湾的民谚中也有充分体现,"精打细算,油盐不断""紧紧手,年年有"。让资源得到充分利用的习惯已融入大余湾村民的日常生活。菜园里出产的萝卜、白菜,一时吃不完,村民们就通过制作泡萝卜、萝卜干、压白菜等方式,将这些蔬菜保存起来。"常将有日思无日,莫把无时当有时",正因考虑到蔬菜的季节性和外来蔬菜运输增加的成本,大余湾村民在这里又省了一笔。这不应是小气,而是节俭。

在居家过日子上,大余湾村民创造了让人赞叹不已的奇迹,在余护民家中,用了三代人的木头洗脸盆搁架、木床等家具依然在使用,余护民认为这些老家具材料好、做工精致,值得保存,更重要的是他的消费理念是能用则用,不必浪费。这种消费理念在余氏家族中普遍存在。

余永乐是位白手起家的农民企业家,他和3个工人一起创业,经过30余年的打拼将一个乡村建筑队发展成拥有500多名员工的建筑公司。公司从两方面体现着节俭办一切事的理念:其一是至今没有豪华的办公场所,办公场所与住宅在一起,在开支上能省则省;其二是承接工程不盲目贪大,对拾遗补缺的小工程一样承接,经过控制开支、加强施工管理,别人赚不到钱的小工程,他的公司总能有收益。

《易经》上说"君子以俭德辟难",在大余湾,俭德已不仅是用来避免问题发生、避免出现困难的方法,更多的是指做人的美德。余永乐在办企业上,克勤克俭,在自己的生活上能省则省,但对村中事务毫不吝啬,慷慨解囊。2000年村里有几个孩子考上了大学,他发起成立余氏宗族教育基金会,发动在外的大余湾人捐资助学,约定村中读书的孩子都能有学费和生活费补助。村里外出工作的3000多余氏后人,都热心资助村中苦读求学的孩子。

原台湾中央大学校长、著名生化专家余传韬,十几年来一直资助家乡的大学生。他在生活上朴素至极,多次回乡是极朴素的衣着,乡亲问起他为何不讲究,他的回答是"衣服穿不破就行了嘛"。在吃的方面,他要求乡亲们用小菜饭接待他,对自己节俭得几乎有些刻薄,但对家乡的捐助却尽力而为。1999年他了解到大余湾"山高水恶,刨底都是细脚(水垢)",不少村民因饮水不洁染上慢性病或传染病,他组织旅台余氏后裔为大余湾捐资修建水塔,解决了村中的饮水问题。在这之后,他还捐资设立奖学金,资助村中学子。可见大余湾村民实践着《颜氏家训》中"施而不奢,俭而不吝"的教言,他们"节己,不节人","节己"是克己的表现,他们通过克己积攒出一定的物质财富,再用这些财富去帮助他人,在表面的小气后面体现了余氏家族的节俭家风,体现了助人为乐的精神境界,也洋溢着"赠人玫瑰,手留余馨"的诗意。

二、物尽其用真节俭

　　四川省雅安市五家村有个远近闻名的木匠许兴耀,门窗雕花、寿木、建筑等木匠技术在他手里都达到出神入化的程度。当地人推崇他的手艺,更欣赏他在做木匠活时处处为他人着想的品德。因为他在承接了别人的业务后,要做的第一件事情就是先将材料给别人算好,还根据材料的大小、宽窄、厚薄,合理地将材料使用在木器上,让每一寸物料都物尽其用。当地人认为这才是许兴耀真正值钱的手艺。许兴耀从学徒起就牢记师傅的教诲,木匠这一行是要靠木料养活一辈子的,一定要敬惜木料。他将师训谨记在心,从业50余年他要求自己节约木料,还要将木匠活做好。在他看来,手艺手艺,是技术、是技能,更是显示自己职业道德的依托。凭借他的手艺和职业道德造就的名声,他60多岁每月收入在6000余元,和老伴两人都有退休金和医保,可以说是衣食无忧,但他不愿意停下来,每个月大部分时间都与木匠工具为伴,干着木匠活。他把自己也看成了木料,不能一天到晚在屋里睡着、坐吃山空,该做的、该挣的,他就要去挣一点。他把人的价值与物的价值同等看待,物应该得到充分利用,人也应该充分实现自己的价值。他的孩子们都已成家,家庭中什么事都不需要许兴耀操心,但他依然坚持着勤俭持家的原则。他的勤表现在能动手就动手、能做一天就做一天的工作态度上,俭则通过生活中不铺张浪费、不讲奢华、不讲排场体现。

五家村在历史上是南方丝绸之路上的中转站,也是唐蕃古道上的重要边茶关隘和茶马司所在地。千年不绝的商业贸易为五家村的繁荣兴盛创造了条件,条件只能是外因,五家村兴盛起来靠的是千百年来村民们的勤俭。勤使五家村人的劳动转换为财富,俭让财富集聚起来,经过历代村民逐年修建、逐渐发展,到明清时这里已形成以杨、韩、陈、许、张五大姓氏村民为主的繁华集镇。姓氏不同,甚至迁徙来源地也有差异,但有一点相同,五姓居民都将勤俭作为家风中的重要方面。木匠许兴耀显示的节俭在五家村处处可见。

目前五家村1200余人中,韩姓人口最多,占到700余人,韩氏聚族而居的院子修建于康熙三十二年(公元1693年),大院中至今还住着24户韩氏后裔。聚族而居是为了节约生活开支、节省住宅的修复费用与再造成本。在韩氏大院的厅堂中悬挂着韩氏的家训,韩氏家训18条中最突出的是第11条"务勤俭"和第12条"禁奢华",与节俭有关的则有第13条"戒赌博"、第18条"禁洋烟"。"戒赌博"是不做无益之戏,以免被偶然之财引诱,走上邪路。"禁洋烟"则体现了古代农民自给自足的生活理念,凡自己能生产的一律不许购买。300多年前,韩氏四世祖韩璇由陕入川经商,由贩卖土布起家,经两代人的辛勤劳动和节俭持家,韩氏拥有13个盐井、绸缎一条街,并掌握着四川多个贸易市场,据说每年运银子回家乡的马匹能挤满整个山沟。韩璇在经商期间,看到经商的朋友中有人因为讲排场、图

第八章 成由节俭败由奢——不慕奢华的持家原则

安逸,或因家族中人追求享乐,导致家道中落。看到这些人的没落,韩琏不仅注意经商,也注意持家。他将开支有度、禁止奢华作为韩氏家族不可违背的家规。在清代人看重的墓葬上,从韩琏起族人的墓茔就以俭朴大方为修建风格,墓中不许以财物陪葬。每年韩氏家族分发利润只满足一年生活所需,余下的利润记在账目上,作为本金再投入商贸。韩氏后人继承家规家训,都认为讲排场、斗奢华是恶劣的习气,不可取。韩氏不仅从积攒财富的角度崇尚节俭,也将节俭提升到道德范畴,用来砥砺后辈人的品德,加强后辈人的吃苦能力,培养奋斗精神。韩氏后人把"尚节俭以惜财用"作为教育后代的入门钥匙,并经常列举韩氏六世祖韩畯的事迹来作为教材。韩畯一直以节俭作为生活准则,勤俭持家,成为当时的表率,而且每年捐献巨资在家乡铺路修桥。朝廷因此颁给他一块"乐施好善"的牌匾。从道光年间开始,韩氏家族中文魁、武魁考中者有数十人之多。这些人在当官后依然以节俭要求自己和家人,所以族中没有出过贪官。

韩先林尽管因工作缘故定居在雅安市,每年依然带着儿子韩羽回五家村给祖先扫墓,每次回来他都要带着韩羽去观看韩氏家训18条。他希望韩羽能将先辈的生活经验传承下去,他告诫韩羽不要贪多,钱够用就行了。韩先林所说的够用,是指过朴素生活需要的钱。韩羽没有在五家村生活过,韩先林的言传身教使韩羽将节俭二字铭刻在心。韩羽自己动手为儿子做玩具、修理玩具,还将大儿子穿过的旧衣服清理出来,洗得干干净净、消好毒,准备给即将出生的第二个孩子使用。韩羽并不是缺这几个买衣服的钱,而是希望通过自己的行为让家里人能更好地理解"尚勤俭,禁奢华"的道理。

五家村五姓村民的家训,杨、陈、许、张四姓的家谱中都用不同的语言表述着戒奢华的家风条款,他们的先祖和韩氏先祖一样是从三个方面提出了这一生活的原则。首先是从资源的有限性角度出发强调这一原则,大自然提供的资源是有限的,路旁牲畜吃的青草、山上生长的树木、河流、山溪流淌的清水,甚至我们呼吸的新鲜空气,都是有限的,如不懂得节俭、过度消耗,要么就减少了别人能拥有的资源,要么令自己处于缺乏资源的境地。从这一角度出发,节俭是对自然的尊重,是对他人的尊重。其次,骄奢生淫逸,节俭与骄奢相对。当人能用节俭这个标准要求自己,他已从单纯的物质追求上升到在精神上塑造更完美的自我,当他用节俭要求自己,他不仅是在为社会节约财富,也已经具备了帮助他人的能力。第三个角度,节俭能为人提供最好的心态。节俭让人远离了生活上的攀比,节俭让人把精力放在学习和事业的追求上,节俭会让人能役物而不被物役,会成为精神上的巨人而不是被物欲捆绑着的精神侏儒。

五家村人节俭,并不是吝啬,而是通过对已有财富的珍惜来让财富发挥更大的作用。

三、节俭生勤能立业

松岭村位于长白山老岭,老岭每年有半年的日子大雪封山,皑皑白雪覆盖着村庄、道路、河流。松岭村居住的116户村民在近百年的移民生涯中,早已习惯了严酷的气候,并根据从山东带来的生活经验来适应长白山的风土人情。他们人走四方,家风随行,移民们的家风中有着修身养性、提升自我道德的家训,有着尊敬亲长、敦睦家族的家训,有着遵法守纪、维护社会安宁的家规,有着克勤克俭、以俭促勤的生产、生活规则。生产、生活是村民们天天都要面对的事情,勤俭二字比其他的家训规条在生产生活中发挥着更大的作用。

村民陈宝贵种了100多亩松树,在大雪降临之前,陈宝贵都要花上3个月的时间清理松林间的杂木,让松树有更好的生长环境,而收集起来的杂木可以作为燃料,让一家人安然度过漫漫长冬。陈宝贵只是松岭村普通的一员,在他的身上,就可以看出勤劳和节俭已成为松岭村村民们的道德规范。

"勤开基业,俭积财",从原居地山东带过来的俗话一直被村民们用来教诲后代。二十世纪二三十年代,闯关东的百姓陆陆续续地从山东临沂、日照来到长白山老岭,在这里开荒垦殖、安家落户。这些移民闯关东是因为在关内活不下去了,闯的动力是先闯关东的人们传回的关东易于生存的信息。他们能够成功是因为移民们有强烈的求生欲望和创业精神。

年过八旬的山村教师王增福还记得他的祖父、祖母带着一家7口走了一个多月,才来到这地广人稀、土地肥沃之地。土地肥沃的优势因当地无霜期短变成劣势,地广人稀则让移民们在面对自然时还要面对成群的野兽、不便的交通和封闭的环境。但对比在齐鲁大地兵火战乱、自然灾害不断而言,这里已是迁徙者的梦想之地。这里荒无人烟,他们就通过建立一个又一个村庄逐渐在老岭一带聚起了人气;道路阻隔,他们就重新挖开唐代从东北往长安朝贡的遗路。当移民耕作时驱赶牲口的吆喝声响起,当新兴村庄的炊烟袅袅升起,成群结队的野兽被迁徙的闯关东者逼上了迁徙之路。没有一个从山东来的移民事先知道自己能否到达关东,更无法预测到达目的地之后怎样生存。这些闯关东者带着简单的、聊以果腹的食物踏上了迁徙之路,在到达目的地之后,都是白手起家,真正地从零开始创业。丁明才兄弟十几岁就明白了一个道理,再富裕的土地也需要人的勤劳才有收获。人只有不欺骗土地,土地才会慷慨地回报人。面对一望无边的荒地,丁明才兄弟起早贪黑,农忙的日子里都是由家人将午饭、晚饭送到地头。丁氏家风中的勤字被来到这里的丁氏族人解释成"起得早、睡得晚,不偷闲、找事做",俭字被具体化到衣食住行的每个环节。食物是忙时吃干,闲时吃稀,冬天不干活的时候一天只有两顿饭。衣服被褥是破了补,补了继续用,结果是衣服越穿越厚。他们甚至节俭到夜里如果不做针线活,就不点灯。虽然这里有大片的土地可以开垦,且土地肥沃,不需要精耕细作就可以获得不错的生活,足以维持温饱,但丁明才兄弟和别的村民一样,勤勤恳恳地侍候着土地,兢兢业业地收获着庄稼。丁氏兄弟的父亲是村里有名的木匠,村里的农具、家具基本上都是他亲手做的。丁木匠做家具和农具要求自己达到三条标准,一是好用、合手,二是耐用,三是省料。这三个标准中既体现着丁木匠的职业道德,也显示出节俭的家风已渗透进匠人的手艺中。

尽管松岭的春天总是姗姗来迟,但松岭人总是将生产的准备工作在春天前全部做好。村民范建超在年幼时不理解父亲在耕种闲暇为什么要把田埂路边的草都砍得干干净净,并且把砍下来的草和落下来的树叶都堆在一起,后来他才知道将野草和落叶堆在一起是在沤肥,这节省了购买化肥的钱,也保护了环境,充分利用了无用之物。范永财、范建超父子是村里有名的种植能手,范永财在30年前

第八章　成由节俭败由奢——不慕奢华的持家原则

就开始有规模、有计划地种树,现在他所种的树大多数已经长成了参天大树。他种树的时间和别人不同,要么是赶上下雨了不能种地,二是雪融化不久不能下地,范永财就是"小气"到利用这些不能下地的时间,为家庭创造了一笔永久的财富。10亩地的红松结的松子能养活一家人,他种的170亩红松已经有50亩每年都可以结松子。这些红松不仅保持了水土、绿化了山林,还给范永财家带来了丰厚的回报。尽管家庭比较富裕,但范建超及其兄妹们从小受范永财的教育,养成了节俭的习惯。孩子们认为尊重每一分钱是在尊重父母的每一分辛劳。范建超兄妹三人在城里上学时,家里每星期给每人20元的零花钱,每个孩子都花不完。他们都想着父母的辛劳,将省下来的钱用来买文具。这种节约已不单纯是行为上的节俭,而是通过节俭的行为表达孝顺之情。松岭村民们认为"俭可清心,使人不滋贪念;俭可生情,使人勇于攀登;俭可致和,使人乐群爱众"。

用节俭的生活来培养后辈人的品德,这样的家风在松岭人的生活中处处可见。以食物而言,这里的小豆腐是用蔬菜的边角料和磨好的黄豆制作,随着季节的不同,村民们在小豆腐中加入各种野菜,芥菜缨儿、萝卜缨儿、白菜帮儿都可加入其中。到了冬天,每家做一锅小豆腐放在外面被冻成团,要吃的时候一热就行了,这道菜原料便宜、省时间、节约柴火,深受村民欢迎。

靠山吃山,节俭的松岭村人在农闲的时间由妇女们采摘山林中生长的蘑菇、松子等山货,除了自己消费外,大部分被山村的妇女背出山外,成为城市居民争着购买的食物。村民解玉萍经常用背篓背着七八十斤,甚至一百多斤的山货,走一个多小时的山路到火车站去卖。解玉萍用自己的行为影响着她的儿女。她带着女儿在城里卖山货时,女儿要到餐馆里吃东西,解玉萍就在餐馆里要了一碗热水,掏出自己带的煎饼吃。她对女儿说,自己最喜欢吃煎饼卷大葱。出门带煎饼,是很多闯关东的山东移民后裔保存的习惯,这是对家乡的怀念,也是对自己劳动成果的珍惜。喝一口水,咬一口煎饼卷大葱,充分显示了移民后裔用俭朴的生活信念战胜一切生活困难的性格。移民后裔们常说:"煎饼卷大葱,咬一口辣烘烘,干活全靠老山东。"这句话说出了山东移民的勤,也说出了山东移民的俭。移民们闯关东之所以能取得成功,正是靠松岭人显示的勤俭家风,让老岭遍植青松。

四、富起于勤成于俭

"吃不穷,穿不穷,算计不到,一辈子穷",这是湖南湘西土家族苗族自治州龙山县捞车村村民们总结出来的生活经验。"算计不到"有两层意义,其一是指安排得不合理,赚不到钱、发不了财;其二是指在用钱上把握不住分寸,不懂得节约,故而受穷。"捞车"是土家族语言中太阳的意思,捞车村的村民心胸像太阳一样敞亮。当地还有一句俗话"勤劳致富受人夸,懒惰致贫无人怜",只要你富得诚实,靠劳动致富,就会得到村民的尊重,如果好吃懒做导致贫穷,绝对没有人同情。土家人的荣誉感表现在对自我价值的认可,故而"有技称能,无技出力"。用自己的双手为自己、为家庭创造幸福是捞车村人为自己规定的最低职责。

捞车村的老人不因儿女赡养、生活富足而悠悠然安度晚年,他们总是闲不下来。这是由于长期在田野劳动而对自然的热爱,也是对自己毕生劳动而创造出的财富的珍惜,这是他们对人生最透彻的理解。他们已不在乎生活的需要,他们舍不得将自己剩余的精力用来消闲,他们在追求精神上的满足。

郭大妹做得一手富有土家风味的好菜,她看准了农家乐能为家庭带来丰厚的收益,便带着老伴和儿媳妇,办起了捞车村第一家农家乐。她坚持"舍得给人家吃,自己才有得赚"的经营理念,农家乐经营得红红火火。旅游旺季,她一天接待100多个客人,还要种4亩地,养5头猪和30多只鸡。农家乐中受游客欢迎的蔬菜、肉食不少都是她自产自销。她每天伴着鸡叫起床,晚上忙到八九点钟才能上床。在捞车村,人们认为节俭的最高境界是物尽其用。郭大妹在暮年生活中的表现,正是要把她存在的价值都实现出来。

在郭大妹的带动下,村里人纷纷在捞车村的旅游业中去实现自我价值。除了开办农家乐外,有的村民开启了土家织锦西兰卡普的传习所,有的整理着土家族特有的艺术表现形式如茅古斯、摆手舞,并组织起专业的锣鼓班子,为旅游者们从事演出。随着商业气氛越来越浓厚,村民们的手工艺品也开始成为旅游者们购买的商品。

开办西兰卡普传习所的是刘代娥,她和小妹刘代英都是由大姐刘代玉教出来的织锦高手。刘代英高考失利后在大姐的敦促下,学习土家织锦。教的人认真,学的人用心,刘代英的手艺很快就得到了社会的承认。她将自己考大学的理想寄托到了儿子身上,儿子彭中午在县城读高中时,刘代英带着织机到县城陪读,靠着一双手,挣来了母子的生活费、儿子的学费。在儿子考上大学后,她以自己的织锦手艺给湖南省工艺美术研究所提供土家织锦产品。儿子担任医生后,不希望母亲再如此辛劳,除主动地承担家庭开支外,还经常劝母亲到城里生活。刘代英放不下她的织机,也改不了到山上挖红根做染料的习惯,舍不得将姐姐手把手教给她的技艺忘却。她珍惜的已不单纯是织锦赚来的钱,她珍惜的是当织机在响,花纹在锦面凸显,会有回到青春的那种感觉。这也是一种节俭,正因为老一辈匠人继续着传统工艺的制作,使非物质文化遗产有了更好的传承契机。

土家族的建筑以吊脚楼为主体,捞车村除吊脚楼外,还有转角楼和全湘西只有一栋的冲天楼。当地民歌唱道:"山歌好唱难起头,木匠难修转角楼。"转角楼的工艺难度远高于吊脚楼,特别是在两房角接缝处,要形成转角,不能用铁钉连接,只能用榫卯结构。木匠彭光耀17岁从师学艺,30岁就成为掌墨师,他在传承土家族建筑技术上起了较大的作用,因此受到土家族人的尊敬。他认为要学会修转角楼,最少得学十多年手艺,而有的人学20年也未必能修。他并不是舍不得让徒弟们学会他的手艺,而是希望徒弟们在学习手艺时多观察、多思考、多动手,这样才能将学习手艺的时间充分利用。彭光耀很推崇捞车村的冲天楼,不是因为冲天楼在湘西只有一座,而是因为冲天楼集中了土家族房屋建筑技术的所有精华。这座冲天楼是300年前由王文胜所建,王文胜富甲一方,却有"吝啬"之名。他布衣蔬食,不讲排场,每天都要到田里干活,而且在黄昏收工时还要带一捆柴火,第二天早上再将柴火卖给油坊。历经多年的辛勤劳动和节衣缩食,王文胜才敢动工修冲天楼。在选择冲天楼的楼址时,他考虑到湘西山多、耕地少,他不能因造屋浪费耕地,于是他"小气"地把楼址选择在半山腰上。王文胜的过人之处不是他通过勤劳和节俭致富,而是他敢于公开地将节俭写进家风,并要求子孙遵守。

王氏家风是"惟耕惟勤,不奢不侈,颗粒成廪",耕是强调农民要守住务农这个根本,不奢不侈即不讲究奢华、装门面、不浪费,要从小的数量开始积累,正所谓"小洞不补,大洞二尺五"。

和周围的村寨比,捞车村不算贫穷,可捞车村人的算盘打得比周围村的人都精明得多。捞车河上有一个渡口,按照一般的习惯渡口必有船,有船必有船夫,船夫渡人肯定要收过河费,钱收少了养不活船夫,钱收多了又不利于村民出行。捞车村用"吝啬"的方法解决了这个问题,这个渡口有一条船,在渡口两端钉上了桩,两桩之间拉起了铁索,船的两头通过铁环、绳索与铁索连接,这样无需船夫,过河者自己拉动绳索就可以过河。当地人给这个渡口起了个名字叫"拉拉渡"。由于湘西山多,一下大雨捞车河就要涨水,为保证行人的安全,捞车村为拉拉渡的渡船设了一个船夫,名叫彭心敏。彭心敏平时不管渡河,从事农业生产,当下雨涨水时,他才来照顾渡河者。这样,村里人每年给他一定的粮食,称为"打河粮"。就这样,渡口不需要人看守,开支在无形之中就节省了。

改革开放让捞车村一天天富了起来,捞车村的人在发扬着勤劳致富精神的同时,依然保留着"积积攒攒,泥碗换金碗"的生活态度。他们对传统文化的继承和扶持,对群众文化的组织,对外来文化的消化、吸收,会将山村的繁荣推向新的高度。

第九章　鸡虫得失浑抛却

——不较睚眦的容人雅量

"鸡虫得失无了时",诗圣杜甫在《缚鸡行》中指出人世间不值得注意的得失小事时时都在发生,因此不必计较。后代文人往往将鸡虫得失与蜗角相持连用,用来比喻应该忽视掉的争论缘由。能做到将鸡虫得失置之度外,足以显现其心胸之开阔。归元寺韦驮殿大门上的对联为"大肚能容容世间难容之事,慈悲常笑笑天下可笑之人",此联以弥勒佛之大肚谐音大度,借喻人应有容人之量。俗话说"宰相肚里能撑船",活在社会之中难免与他人有意气不投、见解相异、利益不同的龃龉,如将大大小小的龃龉萦怀在心,行思之、寝念之,则必然怨愤常在口,怒意生于心。这样的心态既有损于待人接物,也不利于敦亲睦邻。

退一步海阔天空,是要求人们在争执发生时,能从原有的站身立足之地退后一步,说到底,就是讲一个让。让中有礼,让中显理,让中得利。清代张英诗云:"千里来书只为墙,让他三尺又何妨? 万里长城今犹在,不见当年秦始皇。"强调的就是礼让。礼让是一种文明的表现,更是在利益上的洒脱。不少家族的家规家训中都提倡容忍礼让的家风。有些家族更是对争讼都要求戒之,当今社会讲究依法治国,该打的官司还是要打,但在遇见类似鸡虫得失的小小争执,最好还是以礼让来处理。

一、异姓为邻倍相亲

元朝末年,韩山童、刘福通在安徽颍上起义,敲响了元朝的丧钟。不堪元顺帝昏庸统治的百姓纷纷揭竿而起,安徽、江苏、河南、湖北等地战火纷纷燃起。"宁为太平犬,不做乱世人",为逃避战乱,河南人丁复携家带口来到了山西省襄汾县丁村。在丁家人到来之前，这里已有阴、任两家在此定居，丁复与阴、任两家当家人一起考察了当地的土地状况，汾河三面环村，河谷有大量未开垦的荒地，足够三姓人家在此立足安身。丁复等三位当家人不仅考虑了眼前的怎样开荒、怎样种植等经济活动，而且从长远出发，三人考虑到以后荒地垦成良田怎样在分配上做到合情合理，三姓同住一村怎样做到异姓相恤、杜绝纷争。"礼失而求诸野"，丁复与阴、任二姓当家人以传统道德为基，以三义庙为共同维护村规民约的祭祀、议事之所。

元至正二年（公元1342年），丁、阴、任三姓族人共同修建了三义庙。三义即民间供奉的桃园三结义的刘备、关公、张飞。后人供奉他们是因为他们将利益绑在一起，能做到"有福同享，有难同当""不愿同年同月同日生，但愿同年同月同日死"，决心以生命来维护共同的利益。"先有三义庙，后有丁村"，义成为丁村人规范行为的道德原则，丁村人由义扩充到孝、悌、勤、俭、和，并在制定的家规、家训中体现这些道德原则。家规家训维护了家族的安宁和睦，通过家规家训的延伸也维护了异姓村民的和谐相处。600余年来丁村有过口角纠纷，有过利益之争，这些都被该村村民用传承下来的家风化解了。

在家族内部，最易引起纠纷的莫过于财产的分割。聚族而居的深宅大院往往在分家时闹得不可开交，甚至倒房拆屋。《续齐谐记》中叙述了田氏兄弟在二老相继过世后产生了分家单过的想法，三兄弟商议后决定将家产平分，不好分的是家中一棵长得非常茂盛的紫荆树。兄弟们决定将树劈成三份，或烧或卖，各自定夺，并约定第二天动手劈树。谁知到了第二天早上，紫荆树一夜之间干枯而死，像

第九章　鸡虫得失浑抛却——不较睚眦的容人雅量

被火烤过一样。兄弟三人从树因要被分劈三份就干枯憔悴,感悟到兄弟之情竟然比不上紫荆树的同根之义。在感慨之余,三人决定不分家了。紫荆树的那几分灵气仅见于传说,兄弟间为争利而拳脚相见、或对簿公堂,则比比皆是。在丁村,丁氏家族用一个对角分房法,制止了锯梁断檩的财产之争。对角分房是在弟兄们分住宅时彼此之间拥有的房屋交错相连,如老大应分两间,则东南角一间、西北角一间,老二则西南角一间、东北角一间。这样老大如要拆屋,则势必影响老二。因此,即使家族内出了败家之子,也不可能将祖居拆毁,这样家产之争被防患于未然。没有了利益之争,兄弟间最多只会产生意气之争,通过长辈的训诫、同辈人的劝告,意气之争也容易抚平。何况丁氏家族在清康熙之前致力农耕,在集聚了一定的财产后,农商并举,并开始重视家族教育,丁氏后辈得以在私塾中受教育,村中其他姓氏的村民也可以来私塾就读。丁氏有这样一副对联:"祖宗虽远,祭祀不可不诚;子孙虽愚,经书不可不读。"在丁村,读书和求功名与否联系得并不像别的家族那么紧,他们重视的可能是道德训诲和识文断字。丁村人后来成为晋商中的一员,与丁村的教育大有关系。

丁氏在家族中要求兄弟和睦,在家规中确立父母的权威,孝顺即顺父母之意,则晚辈必须无争无执、承欢于堂前,于是先以兄弟姐妹间的长幼定序,以次序来决定对其实施一定的道德要求,如兄友弟恭等。如此,就实现了兄弟姐妹围绕父母这一中心,按父母之意来处理人和社会的关系。这种家风可取的是重家庭和睦与团结,不可取的是对个人发展有太多的压抑。

丁氏家族在丁村占到70%的人口,其家风对别的家族也有一定的影响。阴、任两家多年与丁氏共休戚,家风家训基本相同。即使是后来者也受到了丁氏家风的影响。如李龙旺为儿子娶亲,合村之人都将李家喜事当成自家的大事,帮忙布置房屋,帮忙准备菜肴。这是丁村人互助的表现,也是李龙旺本人广结人缘的结果。在婚礼仪式上,主婚的李龙旺先向儿子和新媳妇宣读了李氏家训,"孝顺父母,友于兄弟,耕织节约,和谐邻里,代代相传,辈辈相依"。家训中前两句是处理家庭关系,第三句是勤俭之意,后三句应连在一起理解,即邻里关系一定要处理好,并要将这种和谐的邻里关系传下去,邻居之间一辈一辈相互依靠。丁村人强调远亲不如近邻,他们认为"远亲一拃远,近邻四指近"。这句俗话比喻得很巧妙,亲戚之间住的距离远了像大拇指和食指伸开后那么远,邻居之间挨得近,就像食指、中指、无名指、小指并在一起紧贴着。隔得太远的亲戚难以互相关照,挨得很近的邻居则可以大事小事互相照应、互相帮忙。

在秋收的日子里,由于连天阴雨,有家农户的玉米还来不及收获,再不及时抢收就会烂在地里。这家农户正准备向村民们求助,邻居们已不请自来地帮助他家抢收。难能可贵的是,邻居们帮完忙就各自回家,这家农户也自然地接受邻居们的帮忙。因为在丁村,从古到今已形成这样的村风,一家有事,百家搭手。当别人需要帮助的时候,丁村人个个都会主动地走上前去,"助人如助己,事急有助人"。尽管丁村人不以得到回报为前提,但受过别人帮助的人只要有机会就尽量报答。

已有600余年历史的丁村,继承着不斤斤计较、宽容对待亲戚、宽厚对待邻居、乐于助人的村风民俗,将村风民俗化于家风家训,让子孙后辈自幼生活在这样的道德氛围中。"蓬生麻中,不扶自直",

第九章 鸡虫得失浑抛却——不较睚眦的容人雅量

丁村的家风造就了一个宽容的社会环境。当每个村民都能宽容待人时,友善的气氛会让人失去机巧之心和计较之心。

二、以德报怨泯恩仇

德胜村位于四川省金川县,十几个民族的人聚集在这里,信仰不同、嗜好不同、生活习惯不同,甚至有着不同日期、不同意义的节日。但在乾隆年间大小金川之战之后,这里在云层中飘荡着理解,在山谷间氤氲着宽容。当不同民族的人围着篝火翩翩起舞,德胜村沉浸在包容带来的欢乐之中。

德胜村背靠石鼓山,面对大渡河,唐代以来,这里就有藏族同胞居住,既是屯兵要地,也是商旅往来、文化交流的重要通道。300余年前,乾隆皇帝敉平战乱后该地被命名为"得胜村",村民们在生活实践和社会交往中认识到尊崇道德才能和睦乡邻,于是改村名为"德胜村",取德行战胜一切之意。

德胜村人在长期的生活中形成了融个人于团体,服从村风乡俗的共同行为原则,每个村民都认为自己是大山的子孙,应该像大山一样胸怀宽广,用宽容的心去对待所有事物。古人极力提倡宽容,韩愈在《原毁》中要求人们做到"责己重以周,待人轻以约"。"轻以约"就是宽容对人,轻指对他人不要要求过高,约指待人宽容。这是道德上难以达到的境界,用同等的道德标准对待别人和自己,已被认为是"己欲立而立人"的人,而用高标准要求自己,用稍低的标准来要求他人体现的已不仅是道德上的自律甚高,也体现了仁恕的心态。在信奉佛教的藏区,这已是菩萨之心了。

村民祁永兵19岁时,和好友刘兴华一起喝酒,两人因一副对联的好坏发生争执,刘兴华随手捡起一块石头砸到祁永兵的头上,最终导致祁永兵右眼失明。为医治好眼睛,祁永兵家负债累累,刘兴华因无力赔偿医药费无奈离开家乡。祁永兵因为失明,在娶妻的人生大事上受到了影响。祁永兵认为刘兴华伤到自己,不管有意无意都应该付赔偿的责任,因此对刘兴华怀恨在心。一场意外不仅破坏了两人的友谊,也让祁永兵生活在仇恨之中。祁永兵的父母和长辈们从祖先的教诲中找到解决这个矛盾的方法。他们劝导祁永兵要设身处地地站在刘兴华的立场上想一想,学会体谅、宽容,不要去计较,不要让自己永远生活在仇恨之中。当年发生的事情是意外中的意外,二人并不是有仇,对方更不是有意,如果一味纠缠,则会在心中打上一个永远解不开的结。长辈们开导他要学会将仇人当成恩人看,宽恕别人也是在宽容自己。经过父母和长辈们多次做工作,祁永兵的心灵逐渐地得到解脱。他主动解开心结,在刘兴华不敢回家的日子,他在农忙时主动地帮助刘兴华的老母亲干农活。"该了的就了了,该化的就化了,一点都不记仇",刘兴华的老母亲这样评价祁永兵的行为。刘兴华在外面了解到家乡人对他父母的照顾,感恩朋友对他的理解和宽容,在外打工期间诚信做人、积攒财富。两年后,他不仅回家还清所有债务,还积极回报曾经被他伤害过的好朋友及村民。刘兴华这样做人不仅是对朋友的感恩,也是在继承和发扬祖先的遗训。

刘姓族人在德胜村人数最多,刘氏家族清朝末年从广东迁居来此,至今已经有10代人在此定居。最先迁居至此的刘氏祖先为让后代能融入当地生活,制定下家训家规,在刘氏家谱中要求"凡我族人,毋以己富而辱贫,毋以己贵而辱贱,毋以其强而压弱,毋因小忿以倾人家产,因财失义",既不允许依仗自己的财产、地位、势力在村中为所欲为,也不允许因为小的矛盾而造成别人家财耗尽。这些家训说说容易,做到却很难。中国乡村是熟人社会,熟人社会最大的特点是彼此之间都用乡风民俗来互相评价、互相约束。故而在中国农村有一句俗话,"怕别人在背后指脊梁骨"。当家风规范着家庭成员的言行,而在群体社会中表现为村约乡俗,这样的家风会起到约束的作用。

藏民卓玛就用宽容之心,化解了与临村胥家的世代家仇。卓玛的家族和胥氏家族是当地颇有势力的两大家族,在一次家族械斗中,卓玛的父亲因胥氏家族而亡,两个家族由此产生仇恨。20世纪50年代,两个家族虽然不再打斗,但彼此从不往来。后来卓玛发现自己的妹妹和胥家一位青年相爱了。作为家长的卓玛和丈夫商量后,决定带着族中的长老和胥家人摆一场龙门阵,目的是为成全两个青年人的爱情,化解两个家族的仇恨。

龙门阵在胥家摆起来了,按当地的规矩,两个家族中有威望的老人坐在一起,龙门阵一摆,多大的仇恨都可以化解。卓玛的丈夫说,两家以前有过仇恨,现在都是亲戚了,就不存在以前的那些仇恨了,该放下的就都放下。两家老人围在一起,烧起了锅庄,热了一壶玉米酒,用竹管插进酒壶,轮换着喝,大家在一起唱歌、讲故事、喝咂酒,"龙门阵里转圈圈,没有解不开的疙瘩化不开的仇"。在德胜村的村民看来,冤冤相报何时了,得饶人时且饶人,过去的仇恨就让它永远过去吧。今天的人既不要纠缠于过去的仇恨,也不要用过去的矛盾来破坏今天人与人之间的谅解。

"地上种了菜,就不易长草;心中有了善,就不易生恶",在德胜村,没有盗窃、斗殴,邻里之间和善相待,老人与孩子之间谦和有序,婆婆和媳妇之间包容忍让,村里人与人之间相互信任、友爱。当矛盾产生,人都免不了有一点怨气,德胜村人对待怨气最好的办法是先忍一忍,村民们常说"忍气家不败""忍得一日之气,免得百日之忧"。德胜村人不仅在村内是这样做人,即使外出经商、打工,也同样把"宽容"二字时刻放在心上。他们能容忍合作者做错事、犯错误,也会给犯错者适当的机会改正错误。他们有时也会和人发生一些冲突,但在解决冲突时,德胜村人不是责备别人,而是更多地反省自己,正因如此,德胜村人赢得了极好的口碑。

三、温和处世柔为贵

在西双版纳勐海县有一座紧靠打洛江的傣村勐景来村,走进村里,可以看见干栏式的建筑在绿树环绕之中。在村中,游人可以听到人们亲切的低语,可以听到家禽偶尔发出的鸣叫声。如果从寺庙旁经过,还可以听到诵读经文的声音,旅游者在这里会感觉到没有一种声音是尖利的、不柔和的。在这个村里,"和而不争"这种处理人与人之间关系的格言被当地人遵循着。

一天早上,岩应龙和自己的家人匆忙地在清点着准备送给父亲的礼物,包括洁白的衣物、精致的食物。另外,岩应龙还将自己写好的一篇苏玛敬词放在礼物上。他们马上要赶到岩应龙弟弟家里为父亲岩温回举行"苏玛"仪式。

"苏玛"仪式是傣族人经常举行的仪式,是家庭中用来处理关系、融合感情的一种特殊形式。"苏玛"的意思是对不起。在这个仪式上,亲人们要将自己在处理亲族关系上有不妥的行为说出来,并请求原谅。因为是为岩温回举行这个仪式,因此在仪式中,岩温回坐在上方,岩应龙的兄弟姐妹环坐在下方,晚辈们双手合十,向岩温回行礼。然后岩应龙开始向父亲诵读自己事先写好的敬词,在敬词中,岩应龙诉说了自己最近到父亲这里来得比较少,且在言行举止上对父亲有不敬,他祈求父亲原谅他。岩温回在致答词时首先原谅孩子们的过失,接着对孩子们申述家族的传统是对亲人间的纠纷和恩怨不要斤斤计较,要做到"和而不争"。自己作为长辈,也没有尽到自己的职责,所以孩子们才会出现不敬的行为,他也向孩子们致歉。家庭的矛盾就这样通过送礼的仪式得到化解。

"和而不争"不仅是傣族人处理家庭矛盾的要诀,也是傣族人在处理人和人的关系、处理人和社会的关系时,坚持的两个原则的体现,这两个原则是谦卑敬畏与温和处世。谦卑敬畏是强调将自己放在一个较低的位置,低调做人;温和处世是强调对人的态度不急躁、不烦躁,和蔼相待。低调做人则已置身于争论之外,和蔼相待则从态度上保证了无需争论。

勐景来村村民们秉承着共同的道德信念,并用这些道德信念来塑造自己的家风。在勐景来村,孩子对父母的孝顺是天然的、无条件的,父母对孩子的慈爱是自然的、不变的,因此在勐景来村看不到晚辈遗弃老人,或为争夺家产虐待老人的情形。老人可以按自己的意愿和其中某一个孩子生活在一起,也可以轮流在孩子们家里生活,孩子们认为孝养父母是为自己提供了积善积德的机会。在这里,父母爱孩子并不意味着溺爱,有要求让孩子履行,有规则让孩子遵守，但父母对孩子没有呵斥、打骂、责备等不合理的教育手段，而是以身作则、潜移默化。在勐景来村，夫妻间不可能大声争吵，对孩子讲话也都是轻言细语，从来没有发生过孩子对父母有逆反心理的情况。之所以会出现这样温和处世的景象，是因为傣族人崇尚水。

在傣族的创世神话中，大神帕亚英是用水和泥土创造了世界和人类，水不仅滋润万物，也用清澈的细流在显示着纯洁，用泛起的涟漪在展现着平静，傣族人最重视的节日是泼水节。在勐景来村，水同样被村民崇尚。勐景来村有六口水井，在有水井的地方都修起了遮风挡雨的房屋，且水井按功能进行了划分：有的用来敬神礼佛，有的用来食用，有的用来清洗。除了这些实际的生活功能外，水为村民提示了一个重要的生活理念——不急不躁，以柔来应对万事万物。柔为贵，被很多哲学家信奉，在勐景来村，村民将柔为贵发挥到极致。

岩温海和玉康坎把自己闲置的房屋改成客房，开办农家乐。但他们每天只接待一两桌客人，客人来多了，他们就把客人介绍给邻居。这不像有的地方的农家乐，为了争抢客源，闹得邻居间成为仇人。住在岩温海家的客人哪怕来过许多次，也没有发生过任何争执。

勐景来村的男人的择偶标准是温柔孝顺，女人的择偶标准是勤劳敦厚。看来，水的柔顺也影响着勐景来村村民的婚姻。这里的村民似乎不要求配偶有很强的竞争能力和竞争意识，他们要求的是不急不躁，从而使自己和家人、邻居都生活在平静的环境中。

玉相论与玉应坎母女是制作傣陶的匠人，至今还沿袭着传统的慢轮制陶方式。说来奇怪，傣陶制作匠人都是女性，理由是女人更

第九章　鸡虫得失浑抛却——不较睚眦的容人雅量

有耐性。十多年前,玉相论将制陶手艺传授给自己的女儿,玉应坎不仅学到了手艺,也学到了制陶的那种不急不躁的心态。玉应坎从村边挖取陶土,然后用木槌将陶土粉碎,再制泥坯,晾干后进土窑烧制。数十道工序,哪一道都不能马虎。玉应坎适应了慢轮制陶的节奏和旋律,她从缓慢的节奏中去感受时间的流逝,又用时间的流逝来调整自己的心态,不急不躁中将傣族妇女的柔美融入陶器,制作者也从不急不躁中感受到生活的宁谧。

和所有的傣族村庄一样,勐景来村的男孩子们在未成年前都要出家,平日里他们在学校里上课,晚上和周末他们要在寺院里学习傣族的传统文化。傣族信仰的是小乘佛教,善恶慈悲、因果报应的经义内容对孩子们世界观的养成有一定作用。傣族文化崇尚水,同样会让孩子们懂得以柔为贵。因而谦卑敬畏、宽容和谐从小就铭刻在孩子们的脑海中。同时勐景来村的老人们也十分注意傣族文化的传承,如岩温回就抄写了上百部傣族史书,如今年岁大精力下降,一个月最多只能抄写一部史书。康朗吨龙研习过一千多部贝叶经,现依然教小和尚刻写经文。老人们愿意献身于傣族文化的传承,他们认为无论是傣族史书或是贝叶经文都在劝人向善、修身养性。通过宗教的启蒙,让孩子们接受道德教育,这也许是勐景来村特有的道德教育方式吧。

勐景来村只是一个普通的傣族村寨,从这个相对封闭的村寨人们会了解到,即使在现代文明非常发达的今天,优良的家风、村风、乡俗,依然应该传承下来,其中包含的价值观念、道德观念,在今天依然有旺盛的生命力。

四、宽厚包容共繁华

兴旺发达、光耀门庭是中国传统家族对后代的期望,为让这一期望成为现实,只要能立起门户、聚族而居,且在家族中有服众威望的长者必然会在家族中订立家规、家训并借此形成家风,以家风约束后代言行,循正道而光大门户。当家风成为村风、乡风、镇风,家风中体现的价值观念、道德规诫就会在当地起到移风易俗的作用。风俗淳而民厚朴,社会秩序及地方产业都会得到良好的发展。位于成都附近,紧邻沱江的五凤镇就是一个化家风为镇风的典型。

明末清初的几度战乱,令五凤镇土地荒芜、人烟稀少,清初朝廷下令湖广填四川,用大量的移民给此地带来生机。不同地域的移民有不同的风俗,甚至信仰都各不相同,江西人信仰许旌阳、湖广人信仰禹王和吕洞宾、陕西和山西人信仰关帝,从目前尚存的7座庙宇和会馆就可以看出差异。用家风中的宽厚包容消除这种差异是五凤镇重新兴旺的重要原因。

湖广移民最先到达这里,他们修起了禹王庙作为湖广会馆。陕西移民来得稍迟,想修会馆已难找到合适之地,经陕商们协商,想购置湖广会馆周边之地来修关圣宫,又顾忌这样修起的关圣宫会将禹王庙包围起来。因这重顾忌,陕商们一直不敢动工。湖广商会会长得知此事主动找到陕西商会,说明大家都在异地谋生,应该互相关照、互相体恤,湖广人同意陕西关圣宫将禹王宫围起来修建。一座中国古代建筑史上的奇迹就此产生,关圣宫中包着禹王宫。陕西商人有感湖广商人的宽厚,在修好关圣宫后,主动在关圣宫大门前挂上禹王宫的对联"神为万国九州主,人自三湘七泽来"。不同地域的文化由于良好家风的影响交融在一起了。

雍正年间,大批广东商人来到此地经商,并在关圣宫对岸修起了南华宫。南华宫竣工之时,广东商人发现南华宫大殿正对关圣宫正门。按中国传统风水之学,这样大殿对正门,有损南华宫的风水,但两处会馆都已建好,一时难以找到解决方法。曾受湖广人宽容对待的陕西商人,用宽容来对待广东商人,主动提出将关圣宫前的石梯台阶换成一头宽、一头窄的石块,砌成斜向一边的台阶,这样关圣宫的大门就不再正对南华宫大殿,巧妙地解决了两座会馆风水相冲的问题。会馆是同乡人共聚之所,也是生在异乡的人的怀乡之所。如此重要的感情寄托之地在宽容胸襟的处置之下,不仅化解了当前的矛盾,也使以后不再有纠葛产生。如关圣宫和禹王宫约定,庙内演戏既不演秦腔汉剧,也不演黄梅湘戏,娱神娱己上演的都是本地的川剧,互相尊重对方的文化习俗,让双方产生了异地也有知己在的情愫。

正是这种从家风中转移过来、扩散开来的宽厚包容,使五凤镇日趋兴旺。即使是常见的商业竞争在五凤镇也多了几分宽厚带来的人情味。

"八仙桌"餐馆的老板史本学凭着家传卤料,让看家菜藤椒鸭热销五凤镇,以致要到"八仙桌"吃饭的食客都要赶早。紧挨"八仙桌"餐馆的沈家军所开的茶馆却生意冷清,几乎整天无人登门。有人劝沈家军改开餐馆,沈家军担心自己改开餐馆会和史本学形成竞争关系,久久拿不定主意。史本学得知沈家军的想法后不仅没有阻止,反而为沈家军支招,建议沈家军做风吹板鸭。沈家军刚转行时,风吹板鸭的口味不符合消费者要求,史本学得知后先派自己店里的厨师前来帮助调味,后来干脆把自己家中祖传的、从不外传的卤鸭秘方传给了沈家军,沈家军的餐馆"五福楼"也火了起来。两家餐馆约定两种鸭子售价一致,"八仙桌"已有的菜品,"五福楼"就不去经营,"五福楼"的特色,"八仙桌"绝不涉足。互相帮助、互相包容,共同从事餐饮业,用各自的特色、不同的风味来吸引外地游客,这是五凤镇在新的历史时期日趋繁荣的重要原因之一。

由宽厚包容家风延伸而出的经商之道也在五凤镇本地人与外来经商者之间发展着。新都商人赖德广从事游船生意,在本地人卢龙开设的茶铺附近修建了一座售票处,并做了靠船的码头,这就影响了卢龙的茶铺生意。卢龙找赖德广交涉此事,两人发生了地盘之争。卢龙回到家中,愤怒地向父亲讲述此事,他父亲一脸平静地说"事无三思总有败,人能百忍自无忧",指明五凤镇是个生意码头,南来北往的生意人难免有纠纷,有了纠纷要会解决,告诫卢龙"得理要饶人,理直气要和"。卢龙经过久久的考虑后,决心将当地人包容的行风传承下去,主动去找赖德广。经多次邀请,两人终于坐在一张桌上,卢龙主动地将责任揽到自己身上,并为赖德广出主意,建议他将售票处建到小溪上游的凉亭附近,既可让等船的游客休息,也延长了航程。两人的生意都越来越好,而且两人成为无话不谈的好朋友。卢龙认为只有大家有商有量才能为五凤镇打造良好的旅游业态,吸引更多游客。

五凤镇的商户们遇到问题,首先不是考虑自己的利益最大化,而是商量一个大家都认可的解决方法,这是解决矛盾的方法,也是包容精神的结晶。俗话说"和气生财",五凤镇的商户们对这句话的

第九章 鸡虫得失浑抛却——不较睚眦的容人雅量

理解可谓深刻之至。他们认为财的来源必须有合适的环境,这合适的环境就在于经商者与经商者、经商者与顾客能做到宽厚包容。宽则有退让之地,厚则有伸缩之能,包则形成利益共享,容则造就同心同德。能将这样的家风衍演成镇风,是以心胸开阔形成的博大;能将镇风用之于商道,是行业道德的提升。

五凤镇人宽厚包容的传统在安凤桥的民间故事中得到传播。在故事中人们为修桥广请石匠,其中有一个老石匠衣衫褴褛,每天也看不见他在做什么。造桥的当家石匠认为他吃饭不做事,别的石匠也认为他耽误了大家的工程进度。但五凤镇人认为他又老又可怜,值得同情,不仅不同意赶走他,而且在生活上予以照顾。在桥要完工的时候,石匠们发现了一个严重的问题,没有一块石头能够让桥中间的连拱合缝,他们东找西找,找到了老石匠加工的那块石头,放入连拱竟严丝合缝。老石匠已不见踪影,只留下一张纸条:"和谐包容,不嫌笨穷,吉时封顶,平安五凤。"这虽是传说,却体现着五凤镇人的价值观——宽厚包容。

第十章　精深求进匠人心

——精益求精的匠人精神

人类靠着自己的技术创造了适宜人类生存的环境,通过对技术的使用认识了世界,认识了自我。技术的发明在原始时期会带有一些偶然性,进入文明时期后,明显的目的性成为推动技术发展的动力,也造就了技术的发明者和掌握者——工匠。从工匠诞生的那一天起,他们对自身事业的追求就形成了匠人精神。匠人精神不仅仅表现在对技术的追求上,也表现在对社会、自我的认识上。

匠人精神在许多非物质文化遗产中得到体现,苏绣、湘绣、广绣、蜀绣,定、哥、钧、官、龙泉、越诸窑的瓷器……无不体现着雄踞时代高峰的工艺水平和穿越千秋而更新的审美奇趣,匠人精神让匠人成为美的创造者。封建王朝设立的匠户制度使匠人在为社会创造美的同时,自己却生活在贫困之中。令人感慨的是,即使在那样恶劣的生存环境中,匠人精神依然得到了传承。巧夺天工是不少匠人毕生追求的目标。我们不妨就从非物质文化遗产的几个传承地来看家风中的匠人精神。

一、家风重振杨柳青

元代开通通惠河、汇通河沟通邗沟和江南河,形成新的漕运通道,北运河经过杨柳青镇,将苏州桃花坞木版年画带入该地,并催生出杨柳青木版年画。至明代崇祯年间,杨柳青年画在匠人们的共同努力下,已行销于京、津、冀、晋、鲁等地,最远销至东三省,且以精美的做工和独具特色的工艺,与苏州桃花坞年画并称"南桃北柳"。该行业开创不易,初期不少画师投身该行业中,为这个行业留下了深厚的文化底蕴。更有不少匠人在刻板、印刷、绘色、装裱等流程上创造了技巧、提供了规则、形成了工艺。清乾嘉年间杨柳青木版年画进入鼎盛时期,当时有"家家会点染,户户善丹青"的说法,有名的戴廉增画店一年生产的年画成品有百万幅之多。

从清末至新中国成立之前,因战乱之故,杨柳青木版年画步履维艰地挣扎生存着。至1949年,只有霍玉棠创办的"玉成号"一家年画作坊还在生产年画。新中国成立后,经政府扶持,1953年,韩春荣、霍玉棠等六位老艺人成立了杨柳青年画生产互助组,使这个行业重新发展起来了。十年浩劫后,该行业后继乏人。有些国外观光者根据以前的宣传资料,专门到杨柳青镇来看木版年画,但因当时杨柳青没有一家年画作坊,他们总是乘兴而来,败兴而归。霍庆顺、霍庆有哥俩时常向父亲霍玉棠说一些关于年画的事。霍秀英和韩秀英(霍玉棠义女)也来把她们的所见所闻讲给父亲听。杨柳青年画霍氏世家为恢复"玉成号",商讨了近两年的时间,最终在霍玉棠的同意下画上了圆满句号。

霍玉棠不仅同意恢复"玉成号",并向霍庆顺、霍庆有、霍秀英、韩秀英说明自己是霍氏年画的第5代传人,霍庆顺等人是第6代传人,希望第6代传人能继承年画制作的技能,否则"玉成号"就会后继无人。同时,霍玉棠根据孩子们的特点进行了分工,大儿子霍庆顺身为长子应该顶起门户,负责内外加工活、账目及手绘、刷版。二儿子霍庆有负责收集古版、线版、旧年画以及刻版、补版。两个女儿负责调色、配料、手绘等,并将晚上和周末安排为汇报工作、研讨业务的时间。

霍玉棠并没有直接向孩子们讲述家规,但他在与孩子们共同恢复"玉成号"的整个过程中,将家规用来要求孩子们。首先,他要求

第十章　精深求进匠人心——精益求精的匠人精神

孩子们继承先辈的技能。其次,他对孩子们说"想发财别干年画",直接地训示孩子们干年画就要吃苦,要耐得住寂寞,要舍得下功夫。再次,他对孩子们的每一道工序都亲自把关,体现了匠人家训中的"想把事做好,手脚要到堂"的思想。最后,他要求孩子们注重工具配置,体现了匠人家风中的"工欲善其事,必先利其器"的原则。霍庆顺扎实地传承着家风,他从各个角落把旧工具找出来洗刷、修补,另外又置办了一些新的工具,使工具合手且齐备。由于时代的不同和科技进步,旧时所用的原料基本消失,必须改革年画制作工艺,来适应社会发展的趋势。第一步要改革刷版的原料,旧时刷版要用板胶和碳黑,现在,板胶早已被社会淘汰,碳黑也不多见了。那么,用什么刷版呢?现在人们书法用墨汁,墨汁分十几种,用哪种最好?霍庆顺买来十几个品种的墨汁,一个品种一个品种试验,最终选择了效果最好的"一得阁"墨汁。手绘的颜料,旧时老师傅都用植物制作,这种颜料叫实色,绘在宣纸上永不褪色,这是杨柳青年画的一大特色。为保持这一特色,霍庆顺除了寻找过去的颜料外,还在父亲的帮助下在四邻八乡范围内寻觅植物自己制作,无法制作的就买颜料试验代替品。

霍秀英、韩秀英两位女士退休后,仍不知疲倦地把自己从老艺人手中学到的技法毫无保留地教给徒弟们。20世纪90年代中期,她们曾代表天津妇女参加世界妇女大会,并当场手绘杨柳青年画,她们精湛的技法博得了各国妇女的赞誉。

出稿、刻板、印刷、彩绘、装裱是杨柳青年画制作的五大工序,每道工序都有不同的工艺要求。一位杨柳青年画工匠最多在这五大工序中能掌握和精通其中的两种。从印刷年画入门的霍庆顺深知印刷之艰难，他认为要掌握年画的印刷工艺，有悟性的也得三四年功夫。霍庆顺还师从其父和其姐霍秀英学过彩绘，他认为别的年画都是印刷而成，杨柳青年画则需要印过后再绘，这是特色，也是杨柳青年画独有的名片。彩绘并不容易，除使用的颜料永不褪色外，经彩绘后画面要有质感，尤其是孩童的皮肤要有细腻感。彩绘中要求最高的是做脸，做脸有染脸、勾脸、烘脸、罩脸、点睛等二十多道工序，哪一道工序出现分毫差错都必然会影响到整幅画的水平。"事非经过不知难"，霍庆顺不仅深知做脸之难，且年过七旬在做脸时依然是注视良久方才着笔。

霍庆有在"文革"期间为让父亲不会因为旧的年画版而遭到批斗，曾劈砍和烧毁过年画版。为了尊崇家训，继承木版年画事业，他在完成父亲交代的任务之余，主动地用个人钱财去收购散落在民间的古画版，并苦心钻研年画制作的传统技艺。他通过自己的努力将祖辈们创造的，已有多年没有出现过的"上金"工艺重新恢复。

杨柳青木版年画是整批制作，负责每道工序的都是专人，多人合作才能完成一幅年画。专人强调的是专门的技能，合作则强调合作者是否做到了"用心一也"，专门技能不过硬往往造成"为山九仞，功亏一篑"，合作时如不能做到互显其长则会出现瑕瑜并存，故而杨柳青年画匠人都要无尽无休地追求技艺上的发展。

杨柳青年画国家级非物质文化遗产传承人共计4人，霍庆顺、霍庆有兄弟二人占了一半。霍庆顺在技能上用匠人精神要求自己，在思想上对杨柳青木版年画进行着社会学、文化学的探讨。他认为杨柳青木版年画深刻地体现着中华民族"年"的概念，年是"祈盼的、祥和的、吉祥的、喜庆的"。年画内容贴近生活，寓意喜庆吉祥，年画价格便宜,是最普及的艺术形式。且年画中还包含着寓教于乐的内容,如《三字经九九消寒图》《二十四孝图》等,有的宣传了中国历史,有的宣传了传统的道德观。

现在杨柳青从事年画行业的有 700 余家,年销售额近千万元,使这项事业蓬勃发展的除政府扶持、社会的重视外,匠人家风在这一过程中起到了精神支撑的作用。

二、崇业敬业见匠心

"物微意不浅,感动一沉吟。"因针而兴,因针而富,300 年兴盛不衰的"九州针都"大阳镇,用手制钢针书写了中国工艺史上的不朽,也对杜甫这联诗做了最好的诠释。针是在缝纫机未发明前人类依赖的缝纫工具,从绮罗盈箱的豪富之家,到衣不蔽体的寒门小户都离不开针。大阳镇的工匠以工匠精神自恃,将一根根小小的钢针做成了使用者极为喜爱的贴身工具。小小即"微",制针过程中显示的工匠精神是"意",大阳镇的工匠精神是工匠们对技艺不死不休的追求,也是当地人对人、对事的道德标准。岂止是"不浅",而是让人见微知著,感于心而发于情。

大阳镇古称阳阿,村周围有丰富的煤炭和铁矿资源,处于至今仍在开采的虎尾山矿区,在《山海经》中已有所记载:"虎尾山之阴有铁矿"。大阳镇在春秋时期即形成工艺流程齐备的冶炼业,成为北方各诸侯国制造兵器所需生铁的重要产地。悠久的冶炼历史造就了大阳镇后裔越来越精湛的冶炼工艺,也通过工艺的传承影响着大阳镇的民风民俗。尤其是裴氏的先祖在嘉靖年间游历山东临清时,经认真观察、拜师学艺、仔细揣摩,从而掌握了制针的工艺。他回到大阳镇凭借传统的冶炼业,开创了制针行业,在质量上精益求精,并以此奠定了大阳镇制针业的行规。随着制针业在大阳镇的蓬勃发展,精益求精的制针业的行规渗透进工匠们的家庭,成为工匠们家风中重要的规诫。正因为这位从临清带回制针术的裴氏先祖,既授镇民以制针之艺,又立精益求精制针的行业行规,其授德授艺之功为后人垂念,后人称他为"针翁",为之立"针翁庙",侍之如神。

针翁最为后人称道的是"想用户之所想,在质量上精益求精"的事迹。裴氏先祖从临清学成制针技艺回大阳镇开设作坊,裴氏钢针大受欢迎,很快打开了市场,销路极佳。尽管在使用过程中,人们发现钢针常常出现断线断针的情况,因钢针物微,价值不高,顾客们并不在意。但针翁却感到内疚,认为自己应对顾客们负责,就在生意一片红火的时候,他毅然决然地做出了一个惊人的决定:将未销售的钢针全部回炉,重新改良制针工艺。由于改良工艺费时费力费材,加之销售停止,以至于针翁在穷困窘迫的状况下完成了工艺改良。改良的工艺使产品大受欢迎,但遗憾的是,针翁却来不及品味改良工艺带来的果实,抱病离世。他留下了渐趋完善的工艺,创制了"裴氏制针法",也将精益求精作为裴氏制针的家规传给后人。

"十年磨一剑,霜刃未曾试。今日把似君,谁有不平事。"贾岛诗中的"十年"乃夸张之词,用来强调"磨"字。磨砺本意指对金属器具的加工,通过磨使之锋利光洁,在大阳镇,针同样也是磨出来的。由于大阳镇制针工匠们接受了针翁的教诲,他们对自身从事的职业抱着崇敬的态度,形成了专注、求上的精神境界,使大阳钢针畅销于国内,且远销西欧、中亚等地。德国人李希霍芬在其著作中说道:"大阳的针,供应着这个大国的每一个家庭,并且远销中亚一带。"在交通封闭的时代,大阳钢针因其质量超群为大阳镇带来了300余年的兴旺。这一时期大阳镇有300多家手工作坊,形成了"户分五里,人罗万家,生意兴隆,商贾云集"的大集镇。这种成功是工艺上的成功,是商业上的成功,大阳镇的匠人精神是这些成功的支撑。

70余岁的裴向南是大阳镇传统手工制针技艺的第8代传承人,他从小就知道针翁改良过的制针工艺,制成一根针需8个小时,72道工序,要经过几十件工具的打磨。制针工艺中最难的是给钢针打孔。一根钢针直径0.3毫米,要在钢针尾端打出直径0.1毫米的圆孔,打出针孔后还要不断打磨,实现不断线的效果,这样制成的针才能坚固耐用。要学艺先修心,要成为制针工匠必须以细心、专注、坚持的心法来控制自己的精神状态,使自己在制针过程中做到平缓踏实、心无旁骛。细心、专注、坚持的心法是针翁为其后代留下的家训,这一家训因制针业遍布于大阳镇,也成为大阳镇其他家族的家风,现在大阳镇人都遵循着裴氏的家风家训,并将其用在不同的环境中、职业上。

1946年,中国人民解放军太岳军区在大阳镇里成立了一座兵工厂,选址在针翁庙。除管理人员和干部为军人外,兵工厂的技术工人和生产者均为大阳镇的居民。当时解放区延安和长治两座炼铁炉日产铁1吨左右,而大阳镇一座炼铁炉的日产铁量就远远大于1吨。在条件简陋、设备落后、以人工操作为主的兵工厂内,秉承裴氏家风的大阳工匠,为人民解放事业研制手榴弹。最早制出的手榴弹爆炸后只能炸成2块弹片,经不断地试验,弹片块数逐渐上升。在试验中,因炸药爆炸4人遇难,10余人受伤,但严重的事故并未阻止大阳工匠求上求进的步伐。经过多次试验后，大阳兵工厂制出的手榴弹能炸成200多片弹片，当时最先进的美国手榴弹爆炸弹片为48片。在解放战争期间，大阳兵工厂每天生产200多箱手榴弹。

村民李海强家祖祖辈辈都是大阳镇的修屋工匠，他自己也从事古建筑修复工作。他一直以大阳镇的工匠精神来要求自己。在古建筑修复中，最大的难点是局部构件的对准黏合。有一次为修复一幢古建筑上的局部构件，他在脚手架上一站就是5个小时。过度疲劳使他在脚手架上呕吐起来，因而在黏合一块构件时出现了3毫米的误差，当时因身体不适未曾注意，但工程完工时，他才发现出现了1厘米的误差。一般人难以注意这种误差，但李海强认为差之毫厘就不能称为合格。敬业精神在此刻表现为高标准、严要求，李海强坚决返工，多花了一个多星期，损失了不少收入，他硬是实践了自己的合格标准。

在大阳镇行行业业都看重工匠精神，人们都能用最高标准来要求自己，大阳镇外出打工者、当兵者，都用这种工匠精神勉励自己成为行业的优秀人才。即使在生活小事上，大阳人也拘谨于规矩，严格地要求自己。在民俗活动中大阳人专门唱起了流行数百年之久的《卖针歌》："二号钢针明又亮，补袜纳底穿鞋帮，拆洗被子缝枕头，量身扯布做衣裳"，是在追怀针翁授艺授德的往事，也是在追忆大阳古镇昔日的兴旺，更是在将针翁家风衍演成的大阳工匠精神进行着传播。他们希望后来者能造就自己用功精深、精进不休、专注求上的精神境界，成为精于工、匠于心、品于行的大阳镇人。

第十章　精深求进匠人心——精益求精的匠人精神

三、匠心醇处是天真

万安镇与古代徽州的屯溪镇、岩寺镇、渔亭镇并称为徽州四大古镇,历史上曾有过"千帆万橹日日过,八方财源滚滚来"的商业繁华。"铅华消尽见天真",商业繁华金装玉裹,但终究有几分铜臭装饰的味道,今天的万安镇铅华洗尽,在平淡中显示着恬静的美,在古朴中呈现着匠心的醇。

秀美的风景掩盖不了万安镇"八山一水半分田"造成的窘困,西晋八王之乱造成中原板荡,纷飞的战火迫使中原百姓南迁,万安成为南迁者居留之地。随着中原战乱加深,南迁万安者愈来愈多,有限的田地难以养活众多迁居者。幸好迁居者带来的不仅仅是北方先进的劳动工具和南方缺乏的劳动力,还带来了农业耕作的智慧——农业生产的匠心。这是南迁者从故土带来的家风,这种家风让他们将土地的利用做到最大化,采用套种,使一块土地发挥了两块土地的作用;采用轮作,在冬季栽种红花草,使土地肥力能迅速恢复。他们做什么便想什么,想什么便想透彻。务农的匠心为万安镇的先辈们集聚了财富,使他们得以在别的行业一展所长。360行,入行者将心潜入行业,很快成为行业的佼佼者。匠心是一种精神,是一种精益求精、专注于事、专注于物、孜孜不倦的求上之心。

万安镇有座水南桥,迄今已有500余年。明初万安人在横江上建起了一座石桥,由于缺乏经验,一场洪水呼啸而至,翻滚的洪水不仅冲垮了石桥,也将行走在桥上的行人卷入了洪水。万安人痛定思痛,在乡贤黄廷侃的倡导下,万安人决定重修水南桥,要求将桥修得更加牢固、更加实用。在新桥修了一半的时候,一位来参观的修桥师傅找到了黄廷侃,建议将椭圆形的桥墩改为尖形的桥墩,这样更有利于分水,有助于保护桥墩和桥身。从善如流的黄廷侃立即采纳了这位修桥师傅的建议,并努力做通万安镇人的工作,将修了一半的桥拆除,按新的设计重新修建。黄廷侃对工匠千叮咛万嘱咐,一定要打好每块石料,砌好每块石头,精上求精、细中求细,切不可为求速度而放过工程中的瑕疵。匠人们一发现瑕疵立即返工,一座一年就可以完工的水南桥,万安人精雕细琢地花了十年工夫。十年工夫不寻常,使历经500余年时光的水南桥依然坚固如初地巍然屹立在横江之上。今天万安人从桥上走过,就会情不自禁地念叨起黄廷侃倡导镇民共同继承精益求精家风的功德。

万安罗盘是本地的地标产品,罗盘制作起于明代,清代中期已经闻名天下。创立于清雍正年间的"吴鲁衡罗盘老店",已历经200余年的沧桑。万安罗盘盘面8寸,竟有21个圈层,除用磁针指示方向,还包括易经八卦、天文历法、四时节气等海量信息,是一种对精密度要求极高的物品。罗盘方向稍有偏离,在航海时会导致船毁人亡,在反映其他信息时,会出现极大谬误。正因为万安罗盘匠人认识到精密度是罗盘能取信于用户的关键,故而代代匠人都在工艺上恪守规矩、精益求精。吴氏制罗盘家族的第8代传人吴兆光,在制作罗盘的每一道工序上都兢兢业业,他时刻以其先祖吴光煜为激励自己精益求精的楷模。吴鲁衡走遍徽州所有的磁铁矿,使罗盘使用寿命达到几十年。吴光煜继承父亲的事业后,决心实现罗盘磁针精准百年的追求。经不断摸索,他终于发现经过陨石磁化的磁针准确度高、灵敏度高,但是否能有百年的使用寿命呢?荏苒的岁月给了吴家准确的答案,经陨石磁化的磁针足以使用百余年。民国年间,吴鲁衡罗盘老店制作的罗盘获得了巴拿马万国博览会金奖,万安罗盘从此闻名海外,罗盘业成为万安的一张名片。吴兆光要让这张名片延续辉煌,他每天都要用10多个小时制作和钻研罗盘,罗盘上2000多个蝇头小楷,他用细小的毛笔一笔一画地工整写出,一道上漆工艺要反复20遍,一根制针的磁化必须要用两个月的时间来完成。由于对质量要求极高,他店里一年只能做800面罗盘,远远不能满足每年上万面罗盘的订单要求。但他坚决不为赚钱而多生产,因为从吴鲁衡传下来的要求罗盘尽善尽美的标准,不能在他手里降低。吴兆光认为只有最好的东西才能传世,他将自己定位于制作最好东西的人。这不仅是他个人对自己的要求,也是万安人每个家族在家风中都强调的共有的道德追求。

  做东西要做到最好,学习也要学到最好。万安镇所在的休宁县曾被称为"中国状元第一县",从宋到清,一共出了19位状元,万安镇就有3位。万安镇雍正年间有个读书人叫金德瑛,他少年才高、聪慧过人,结识了同乡翰林学士汪由敦,并与之成为挚友。一次他在汪由敦书桌上发现了几个月前还在读的一本书,便得意地对汪由敦说:"这本书我早已读完,为何先生现在还在研读?"汪由敦回答说:"我已经读到第三遍了。"汪由敦的话深深震撼着金德瑛,尽管他以前也知道"读书百遍,其义自见"的道理,但总是用"不求甚解"来原谅自己。要做到书为我用,不仅要读,而且要求甚解。从此金德瑛在学习上拿出了工匠精神,精益求精,乾隆元年(公元1736年)他成为状元,后在江西、山东、福建等地督办学政,始终以精益求精为标准为国家选拔人才,朝廷评价他"甚有操守,取士公正,诚实不欺,无有偏党"。

　　匠心在学习上不仅表现为钻研、求精,更表现为学中有创。中国近代大教育家陶行知,儿时跟随万安名师吴尔宽读书。一次陶行知将自己的文章交给老师,老师看过后觉得不错,接着老师问陶行知能否写得更好?陶行知点点头。过了不久他把重新写的文章交给老师,老师认为比原来的文章好得多,但老师问陶行知还能写得更好么?陶行知点点头,老师将他第二次的文章顺手撕了。陶行知重新开始构思,字斟句酌,三天后又写了一篇文章交了上去。这一次,吴老师才满意地点了点头。正因为陶行知记住了吴老师的教诲,做事、写文章、做人,道理是一样的,都是一个不断上进、不断进步、不断完善自我的过程,这种将匠人之心用于学习的精神,使陶行知后来将王阳明的"知行合一"与西方现代教育体系进行了创造性的结合,提出了"生活即教育""社会即学校""教学做合一"的生活教育理论,为中国的教育理论做出了重要贡献。

　　做事、写文章、做人,道理都是一样的,如果能追求尽善尽美并将追求付之于精益求精的实践,你就会发现自己终有一天能享受成功的喜悦。

四、技进乎道艺通神

　　"犟拐拐""一根筋"是重庆方言,前者形容人的脾气执拗,不懂得转弯和放弃,后者形容人拿定主意不懂得改变,与北方方言"不撞南墙不回头"相同。这两个方言词都是贬义,但用在宝顶镇的人身上,却全是褒义。在这里,"犟拐拐"指能坚持自己的信念和做法,

"一根筋"指不改变自己认为正确的方式。宝顶镇人将贬义方言用成褒义，是因为历史铸就了他们特定的道德观念和精神世界。

"三武"灭佛后，北方佛教遭受沉重打击，北方石窟艺术也随之走向衰落，大批佛教徒和石匠为了生存，逃亡到了重庆附近的宝顶山，成为石窟艺术的继承者和发扬者。南宋淳熙年间，高僧赵智凤立下弘誓大愿要建一个有万尊佛像的大道场，他聚集了文家、伏家和胥家为代表的石刻工匠，在宝顶山上开始了佛像雕琢的浩大工程，几千名石匠和他们的亲属家眷在短时间内就将临时居住地变成了市镇。叮叮当当的锤击声、斧凿声，成为宝顶镇的主旋律。文氏、伏氏和胥氏三个家族带来了各具特色的雕刻技艺，也带来了言辞不同而含义相同的家规家训。石匠们的家规家训被其家属遵循，也影响着镇上的其他居民。石匠们的家风浸透了宝顶镇民的灵魂，在宝顶镇可以说石匠的家风就是镇风。

赵智凤在宝顶山主持雕琢佛像至80余岁。有一天他将石匠们召集到山谷中最大的一块石壁前，讲出自己最后的一个心愿，他想在这里刻一龛千手观音，他的要求是这龛观音真有1000只手，而且每只手各不相同。许多工匠惊呆了，这可真是个难题，以前的千手观音，最多刻百余只手，而且比例是缩小了的。也有几位艺高人胆大的石匠表示愿意一试，刻一龛真正拥有1000只手的千手观音，他们认为这是一次超越前辈的机会。3个月过去了，这几位石匠各自带着家人和徒弟，设计了几百张图纸，可没有一张图纸能做到既合理又美观地将1000只手安在观音身上。有几位石匠都放弃了，到最后只有一个人决心尝试到底。文家石匠文贻把自己关在屋子里日夜琢磨，经常水米不进。一天赵智凤去探望，发现文贻晕倒在案桌上。文贻被救醒后,高兴地说自己在昏迷时做了一个梦,梦到金孔雀飞到石壁上开屏。孔雀开屏给了他灵感,他终于设计出了雕刻千手观音的图纸。这张得到赵智风认可的图纸,在开工雕刻前又被文贻自己找出了毛病,文贻看到自己的图纸上 1000 只手竟有多处雷同。文贻不能容忍这样的失误,他推迟开工日期,又把自己关进房中苦苦思索。最后,他终于打破自己狭隘的思路,不再要求由文氏家族完成这龛雕像,他邀请所有的石匠一起来雕刻。宝顶山上的石匠们轮流施工,每个石匠根据自己的观察和领悟来为千手观音雕刻出一只手。千名工匠凭仗千颗匠心,使千手观音成为完美的传世佳作。匠人们将自己的精神灌注进去,将自己的情感传达给所雕刻的佛像中,匠人们已不再是单纯地和石头打交道,他们是在和自己的精神进行着艺术的对话,正是这种精神与艺术的对话在宝顶镇留下了 5 万尊佛像。400 年栉风沐雨,凝结着石匠们智慧的佛像,向世人传颂着宝顶山石匠的匠人精神。

  石不能言,今天的雕刻家刘能风用自己的语言,形象地说出了宝顶镇的匠人精神。他不仅服膺于"技可进乎道,艺可通乎神"的匠人古训,也认为作为匠人心里应该有一道坎,即对手艺的诚实,由这种诚实态度,产生锲而不舍地对完美的追求。这是他对宝顶山石匠匠心的定义,也是他毕生实践的体验。他每两年摹刻一尊宝顶石刻造像,从事雕刻 30 余年,他的愿望是要将 100 平方米的千手观音缩小到不足 1 平方米的石板上。他雕了五六件试验品,只要感觉到不完美,他就马上将试验品废掉。2014 年立春,他开始正式摹刻千手观音。微缩的千手观音,每只手不足 1 厘米,每根手指不足 2 毫米,衣纹和眼线更是细微至极。他花了两年时间,在方寸之间劳心费力,在作品将要完工时,石材内部的一道裂痕导致观音像的一根手指出现了残缺。他知道裂痕可以用石粉注胶进行修补,但他自己心里就是过不了对手艺诚实的这道坎。2年的心血30年的梦想,都被这手指上的残缺毁掉了。有人愿意出几万块钱来请这尊观音,他拒绝了。他认为手艺就应该做到极致,只有最好的才能流传给后世。追求完美、追求极致,这是以刘能风为代表的宝顶镇石匠的共同匠心。

宝顶镇所有行业都将石匠的匠心作为本行业的行规。针灸医生杨智接待了一位严重的三叉神经痛患者。杨智用传统的针法给患者治了一个月,患者毫无起色。杨智从内心体谅到患者的痛苦,也从专业上想方设法来为患者解除病痛,他知道针灸上有一种"四白穴针法",对三叉神经痛有较好的治疗效果,但风险太大。四白穴位在眼眶下部三叉神经末梢一个针眼大的地方,针灸这个穴位必须非常精确,稍有偏移就会伤到眼部神经,甚至造成失明。杨智不敢在自己没有绝对把握前对患者施针,他以自己为患者对着镜子试针,并调整银针的深度和力度,以确定施针的精确位置和手法。经过在自己脸上的数百次试针,杨智找到了四白穴的精确位置和最佳试针手法,他还是不放心直接为患者治疗,科室里的同事得知他的顾虑后,主动地充当他试针的对象来降低临床治疗的风险。他终于熟练地、准确地掌握了"四白穴针法"的要求,有效地为患者解除了病痛。悬壶济世是医者之德,为患者着想是医者之仁,解除患者病痛则依靠医者之技。追求完美、追求极致使杨智具备了解除患者病痛的技能,显示了医者的仁德。

2008年全国石质文物保护"一号工程"千手观音保护性修复工

程启动,陈卉丽担任石质修复组组长,她和她的团队承担石质本体修复任务。工程第一步是对风化的石质注射加固剂,注射用的针尖不能触及石头表面,还要控制好针剂渗透速度,这比给人打针还要艰难。注射加固剂持续了一年多才完成,然后修复组对千手观音的每一只手都拟定了一个专属的修复方案。经过从左到右、从上到下反复地核计数目,他们最终确定千手观音现只有830只手。这与流传了数百年的1007只手的说法相差177只手。177只手因风化而消失更加证明了石刻需要保护,保护石刻已作为重要的工作摆到了今天的宝顶人面前。2015年6月13日,千手观音修复工程正式完工并通过验收。历时8年,千手观音重现庄严。

"錾指一条线,摸得着,看不见",这是宝顶镇石匠对技艺的最低标准,摒弃浮躁、专心工作、精益求精、追求完美,这才是宝顶石匠家风中的工匠精神。

第十章 精深求进匠人心——精益求精的匠人精神

第十一章 尽瘁桑梓故园情

——回报乡亲的家乡情怀

家乡是祖辈胼手胝足开辟出来、营造家园的地方；是父母牵扶孩子蹒跚学步的地方；是孩子睁开眼睛第一眼看到世界的地方；是今天通向未来的地方；是迈步走向理想的地方。无论从何种意义出发，家乡从不是一块单纯的自然土地，她是人们用世世代代的感情挽系着的、神圣的土地。

没有回忆便没有未来，当家乡成为回忆中的镜头，游子会在路途上、异乡中，在想象里将自己置身于家乡，渴望能尽自己的绵薄之力给家乡一份回报。有这样一个词语"尽瘁桑梓"，桑梓即家乡，为家乡做贡献恐怕是每个游子都在做着的人生计划吧。"树高千丈叶落归根"，农耕文化的传统，让家族中的老人既期望儿孙步步登高，也希望儿孙荣归故里、环绕膝下。儿孙们愿意归根，则是出于家风中的报恩原则，天地之恩、父母之恩、师长之恩，均见之于家中所供奉的天地君(国)亲师牌位中，还应报的是友朋之恩。为家乡做贡献，是报恩的具体体现。

一、感恩化作报答情

位于金沙江畔的四川省攀枝花市迤沙拉村，是典型的彝族山村，600多户村民每家都供奉着"天地君亲师"的牌位。"敬天地自然富贵，报君亲必定荣华"是迤沙拉人多年恪守的家规祖训。敬与报是针对不同对象的感恩表现，在这里，感恩固化为独特的民俗民风。

在别的地区，每人一年做一次生日极为平常，可在迤沙拉村，杨胜莲活到70岁才第一次做生日。外地的儿女纷纷赶回家乡，为母亲庆生，村里的亲朋好友也带着祝愿来恭贺杨胜莲。杨胜莲严格地遵守着家风,在这里只要父母在世,儿女们年龄再大也不能过生日,只有等到父母百年后,孩子们才能为自己庆生,因为子女的生日就是母亲的受难之日。这种观念与迤沙拉村相对封闭的环境有直接关系,大山将该村封锁在崎岖的山岭之中,这里的卫生条件与医疗条件长期处于落后状况,妇女生孩子成了一场生与死的搏斗,当地有"儿奔活,娘奔死,生死只隔一层纸"的说法,不少妇女为孕育后代而丧失生命。为此,迤沙拉村人世世代代感恩于母亲,形成了父母不为孩子庆生,而孩子为父母过生日的习俗。

迤沙拉村人由对父母的感恩,上升到对先祖的感恩。迤沙拉村有起、毛、纳、张四大姓村民,毛姓是迤沙拉村第一大姓,毛氏族人占全村人口的1/3。毛志品是迤沙拉村的第一个大学生,他在1969年上高中时家中十分困难,为了让他读书,他的父母竭尽家中所有,为他创造条件。通过读书他走出了大山,也让他的四个孩子都受到高等教育。他在退休后回到村中,他要报答他的父母,报答他的祖宗。在他家中至今保存着清乾隆年间所修撰的迤沙拉毛氏家族的族谱,尽管在朝代的更迭中被损毁了不少,但在族谱中可以找到这样的家训:"人生如树抽一枝,树大根深又谁知。培养根源枝不朽,树老枝枯何所思。人要发达报祖宗,祖宗佑儿永常通。常通桂子联甲第,甲第科名报祖宗。"这段家训体现了毛氏宗族崇德报恩的家风。毛志品为自己定下了继承家风、报答祖宗的目标:找到迁徙到西南的毛氏宗亲,并与毛氏宗亲续修家谱。2005年,毛志品根据族谱上的线索到云南楚雄大姚县,和大姚县毛氏族人一起,耗时一年寻遍了毛家湾周边的大山,从散落在大山深处的古代石碑中终于摸清了毛氏家族数次迁徙的来龙去脉。元末明初之际,毛氏先祖毛太华因躲避战乱由江西吉水迁往云南,战争结束后,毛太华带着两个儿子迁到湖南,另外两个儿子和孙子留在了云南永胜和大姚。康熙十二年(公元1673年),大姚的毛氏家族遭遇匪患,毛志品的先祖一路逃难来到迤沙拉村。由于交通不便,此后300余年大姚毛氏与迤沙拉毛氏中断了联系。同宗同源,根脉相连,血浓于水,毛志品代表大姚毛氏的族人走进大姚毛家湾毛氏宗祠,认祖归宗,传递"上慰祖恩,以承千古家风;下启来者,以期薪火百代"的家族期盼。这不仅仅是一次跨越地域和时间的亲族相认,也是对家族文化和传承发自内心的归属。在毛氏族人的心中,祖先的恩泽不仅在于开创家业的艰辛,更在于世代相传的良好家风。

进入迤沙拉村的毛氏家族,很快将汉族文化与当地的彝族文化紧密地融合在一起,彝族文化中某些优良的传统也成为毛氏家风珍贵的组成部分。敬畏自然,保护环境,是彝族朴素的自然观的表现。这种表现以文化嵌入的方式成为毛氏家族重要的祭拜仪式。每年春节祭祀山神是毛氏家族,也是整个迤沙拉村村民一年中最隆重的事情。毕摩(祭师)吟诵着古老的经文,村民敬畏地焚香膜拜,用虔诚的祈祷向天地表达感恩之情。这是人与大自然的沟通,也是迤沙拉村民向大自然的承诺。敬畏大自然,保护生态环境,迤沙拉村的村民从不砍伐古树,辈辈相传的仪式已化为神圣的村规民约,约束着村民,使山常青、水常清、天常蓝,物产丰饶。

敬畏自然被迤沙拉村村民延伸到生活的细节中,村民们不食用狗肉、牛肉、马肉和驴肉。这些动物死后,村民将它们安葬在山中的大树下,希望它们的灵魂能回归山神的怀抱。迤沙拉汉族村民基本全部接受了彝族人对这些动物的认知。例如在彝族人的传说中,有一场史前大洪水的灾难,世间只剩下两兄妹和一条狗存活下来,万物都毁于这场洪水。两兄妹从何处寻觅衣食?幸运的是,两兄妹在狗身上发现了三颗稻谷的种子,三粒谷种用绿色覆盖了大地,用金黄书写着收获,彝族人从此定居、耕种。彝族人认为狗是为人类带来生存希望的动物,于是狗在迤沙拉村享受着特权。迤沙拉村每年要专门用羊皮煮羊肉来给狗吃,给狗过一个节日,这道菜也是村里人款待尊贵客人的主菜。迤沙拉村人通过给狗过节,来向后代们传递家风中重要的规训戒条——学会感恩。

感恩不同的对象要采用不同的方式。感恩天地、感恩自然,用尊崇、尊敬的方式;感恩父母,用孝顺、敬养的方式;感恩友朋,用仁义、回馈的方式。感恩天地、父母、友朋的综合方式,就是尽瘁桑梓、回馈家乡。迤沙拉人起万伟一直念念不忘乡邻们对自己的帮扶养育之恩。20世纪60年代,起万伟家常常缺衣少食,村民们送去苞谷救济他们,逢年过节时还扯上布料送到他家中。起万伟吃百家饭,穿百家衣,乡邻们是以"老吾老以及人之老,幼吾幼以及人之幼"的恻隐之心,在自己能力允许的范围帮助他,且不求回报。起万伟在7岁时生了一场大病,村里的赤脚医生都是免费为他治疗。他在长大后始终认为没有那个医生的治疗,自己也许早已不在人世;没有乡邻的救助,自己也不可能长大成人。他不将感恩讲在口中,而是用实际行动来为家乡做贡献。他从事砚台生意,每年收入七八万,当他听说救治他的医生得了重病,医药费难以筹措,他立即将医药费送到医生家中。近几年迤沙拉村进行旅游开发,起万伟拿出了全部积蓄为村中修建了村史馆,为旅游事业的发展,也为村里家风村风的传承做出了自己的贡献。感恩到报恩是起万伟正在做着的事,也是迤沙拉村村民们正在传承的精神。在乡情逐渐淡漠的今天，也许应用迤沙拉村人的感恩精神来谈论家乡，来回馈家乡。

二、善行天下馈家乡

"十里不同风，百里不同俗"，由于农耕社会的相对封闭，地方风俗除受自然因素影响外，更多的是受乡贤影响。乡贤并非指地方上最有钱之人，而是因德行过人，被乡民敬仰之人。福建省晋江县安海镇善行天下的镇风就是由历史上安海镇多位乡贤济世利民、尽瘁桑梓的行为衍演的家风传承而来。

安海镇乡贤中第一位偏偏不是福建人，是到安海任镇官的徽州人朱松，朱松是理学大师朱熹之父。朱松上任后，安海长者黄护捐建鳌头精舍请朱松在任职之余讲学。儒家仁德之教，在八闽之地从此扎根。后朱熹及其子朱在也在此聚众讲学，首开泉州府理学之先，故有"闽学开宗"之誉。泉州府文庙明伦堂旧有一联："圣域津梁，理学渊源开石井；海滨邹鲁，诗书弦诵遍桐城。"联中石井就是鳌头精舍后改名的石井书院。朱氏祖孙三代不仅为这海域之地开创学风，也以道德礼仪影响着当地的风俗。朱熹题写的"善为传家宝，忍是积德门"对联，依然挂在石井书院的墙上。与朱松交往甚多的黄护后来就以造福乡里为名，为当地修建了一座几百年后仍让当地人引以为傲的建筑——安平桥。

南宋绍兴八年（公元1138年），黄护及龙山寺僧人智渊捐款修建石桥。当地缺乏石材，所有石梁都需要从对岸的金门岛用大船运来，最小的石梁有3吨，最大的有25吨。修桥者利用海水涨潮退潮的力量使用浮运架桥法来构筑桥梁,由于工程烦琐,黄护在桥未竣工前劳累而死,临死前嘱咐儿子黄逸一定要继续完成安平桥的建造。黄逸继承父志,在自己财力困难的情况下,发动族人黄墩等人捐助,在郡守赵令衿支持下,于绍兴二十一年(公元1151年)安平桥竣工。桥梁长2491米,约五华里,故称五里桥。这是世界最长、保存最完整的梁式石桥。桥上水心亭有对联云"世间有佛宗斯佛,天下无桥长此桥"。黄氏家族将善行天下、造福桑梓的思想通过安平桥世世代代流传下来。

安平桥建成后,多次因自然灾害、战乱毁坏,安海镇居民都效仿先人,捐出家中钱财,修复安平桥。2308条巨石严丝合缝镶嵌在一起的桥面,见证了不同年代的潮起潮落,也经历了人世的衰败兴旺。在镇民的维护下,它依然横卧海上,仰对青天。

定居美国20余年的安海倪氏家族传人倪岩鹰,每次回乡探亲他都要去已有172年历史的安海育婴堂。这个育婴堂与倪家有着密不可分的关系。清道光二十四年(公元1844年),倪人俊在上京赶考的路上看到路旁被遗弃的女婴,不忍之心让他毅然放弃了个人的功名前途,回到家乡,拿出赶考的全部银两建立了安海育婴堂。由于清代习俗重男轻女,加之战乱频发,不少女婴被抛弃,安海育婴堂收救被弃女婴人数日益增多,仅供应女婴的衣食就需要大量钱财。倪人俊变卖家产以维持育婴堂的日常支出,并在其妻对家产减少不满时说:"我宁可自己忍饥挨饿,也要救活婴儿。"为了筹措经费维持育婴堂,倪人俊只得远渡重洋,在新加坡、菲律宾等地筹募经费,募捐要奔波于路途,还要经历航海之险,有时甚至遭遇海盗有性命之虞。年仅47岁的倪人俊在临死前嘱托自己的两个儿子"济世利人,办好育婴堂"。倪氏后人遵从倪人俊遗嘱,坚持办好育婴堂。育婴堂累计收养了女婴23000余人,1949年育婴堂改为公立,用以收养孤儿和残障儿童,但倪氏后人仍每年向育婴堂捐钱捐物。"善行如井,福泽无声",倪人俊的后裔迄今已有6代,无人以办育婴堂来炫耀自己,这种济世利人之风影响了安海镇。历史上镇上的慈善机构达到18家,至今育婴院和飨保堂仍在发挥作用。

至今安海镇海外华侨有10万余人,他们回乡时,都会隐藏起海外创业时的艰难和辛酸,将拼搏大半辈子的财富带回家乡。兴办学校、修桥铺路,安海的繁荣兴盛与归侨们造福乡里的行为息息相关。从古代到现代,安海外出经商的人都读过书,或多或少都接受过传统的儒家教育,加之家风中浓厚的乡土意识和家族意识,他们在海外秉承着"儒者为贾,善行天下"的道德观念,以仁义取财,以善行用财,回到家乡依然以善行来为家乡增色添彩。旅日归侨陈清机在1919年回到家乡,看到安海镇主要街道三里街只有两三个人可以并肩通过的宽度,如此的狭窄拥挤已经很难适应安海镇发展的需要,他拟定了巨大的扩建工程。他不是扩建,而是重修三里街。他自筹善款,拓宽街面3到5米,顾忌到闽南多雨,他仿照东南亚国家的建筑风格,在街道两边建立廊道,使得雨天不影响商贸活动、行人行走。三里街至今依然是安海主要的商业街。

安海镇"民以海为耕,商凭海为市",有着近千年历史的临海白塔是人们用安平桥建桥余资修建而成,它是古时船舶出入海港的航标。在归乡的安海人心中,白塔就是家的方向。70余岁的张世源仅仅是一个小文具店的老板,他经营的"新永生文具"店离白塔不远。2014年,一场强台风使白塔严重受损,看见塔身日益残破,张世源心里十分忧愁。他觉得天长日久,白塔一层掉一层,就会在自己这代人手中垮掉,他在心中已经替自己这代人担起了责任。他认为如果白塔倒塌,自己对不起先人。经过与儿子商量后,他决定将自己做小买卖省吃俭用攒下的 100 万元捐出来,作为修葺白塔的启动资金。他愿意捐钱,还得一头雾水地去寻找钱该捐到哪里。诚心做好这件事的张世源将存有 100 万元的银行卡随时带在身上,跑遍了相关部门,终于捐出了这笔巨款。2016 年白塔修葺完毕,安海镇人依照习俗,在夜间点亮了白塔上所有的灯。白塔上放出的光芒照亮了夜空,辉映着张世源父子俩满意的笑容。

安海镇是汇集百业、以商为主的市镇。谈到商,最先让人想到的是"无利不起早",或是满身铜臭、为富不仁。"安平商人遍天下",安平是安海的古称,通过安平桥走向世界的安平商人抱着求富之心,也怀着济世利民、造福乡里之心。回到安海古镇的侨商,带着乡情,也带着"儒者为贾,善行天下"的信念。安海镇人的传统家风浸染了他们,他们也将传统家风付之于行动。

三、富在乡邻真报恩

武汉市新洲区仓埠镇在长江之侧屹立了 2000 余年,问津书院是这一地区历史的最好见证,但仓埠镇得名只有 600 多年历史。明洪武元年(公元 1368 年),朱元璋接地方官吏奏报,了解到此地扼水陆要道,是屯粮驻兵之所,于是令地方官吏广筑粮仓,储备讨平南方的军粮。因仓房遍布,故名仓子埠。至清代,始改名"仓埠"。也就是在这一年,明王朝征发江西余干、乐平、吉安、鄱阳四地 52 姓人家迁居仓子埠,以看守粮仓、保卫地方为责,以免除赋税、允许自由开荒为酬。移民迁徙到此不久,即遭遇天灾,地方志记载为"黑雪"。在湖北方言里"黑雪"有两个意义,一言其大且凶也,二是指黑色。不论何种意义,粮不足、屋未修的移民,骤逢此灾,真如"踏虎狼之途,临生死之门"。当地原居民没有袖手旁观,而是"让住屋以遮风雪之侵,送米谷以作饥饿之炊",在救助了移民的临时之乱后,在开春后又将自己不多的种子赠送给移民,使移民得以垦荒下种。这样52姓移民经一年辛劳得以建起家园。建起家园的移民告诫后代,受他人滴水之恩,当涌泉相报。何况原居民与自己非亲非故,这份救命之恩,安家之德,世代切不可忘。不知感恩者非人也,不知报恩者忘本也。52姓的家风,将感恩、报恩、知恩报德写进了族规家训。这种家风也作为道德规诫,融入了仓埠镇的民风之中。

乾隆年间,移民后裔李长春由寡母抚养成人。李长春得乡邻们救助,吃百家饭、穿百家衣,且连上私塾都由乡邻纷纷以升斗之粮予以资助。李长春上京赶考的费用是由乡亲们凑起来的,上京的衣帽鞋袜是由家乡的奶奶、大婶、大姐们亲手缝纫。李长春感恩于乡亲们的期望之情,一举成名,被吏部分派到山西任职。他任职后立志当个好官,在生活上总是节约克己,经常在衙门旁小街上吃碗抻面。任职年逾,李长春接到家乡来信,家乡旱灾,母亲病危。李长春向上司告假,赶回家中。老母亲奄奄一息,李长春自己亲手做了一碗抻面,考虑到母亲胃口不好,在做抻面盘条时,李长春加了点麻油来烹调。这也许是烹饪史上的奇迹,李母吃了这碗面之后竟豁然痊愈,一有精神就嘱咐儿子赶快为乡亲们做面条吃。李长春用自己的俸禄买来面粉,亲自带领当地人和面、盘条、抻面,然后分发给有病的

第十一章 尽瘁桑梓故园情——回报乡亲的家乡情怀

灾民。不少灾民就靠这一碗面打破生死关。由于这种抻面在盘条的时候要加油,所以被称为"油面",至今仓埠在年三十夜,依然要下油面,第一碗用来敬老,第二碗要送给邻居,然后才阖家分享。油面这种特色食品已成为仓埠人,乃至新洲人感恩的标志。

清末,家境贫寒的徐源泉衣食不周,家中经常是吃了上顿没下顿,他在给别人放牛时,路过私塾,就呆呆地站在门口,听学生们读书。听了几次后,私塾先生注意到他,让别的学生将他叫进课堂,问他听了几次课,学到什么。他竟然和别的学生一样,能将几堂课的内容全部背下来。先生感于他的聪慧和勤奋,主动找到他家里,不收学费,让他上私塾。这一上就是5年,先生临走时,还将自己的一套《古文观止》送给徐源泉。徐源泉从私塾回家后耕不废读,20岁时考取了安徽随营学堂,辛亥革命后,历任高官。他每次回家见到乡亲、长者,都是恭恭敬敬地站在路旁,听见年长的乡亲称他为长官,他诚惶诚恐地说:"没有乡亲救助,没有恩师提携,哪有我的今天?我是你们的晚辈。"他在言语上谦恭,在行为上表现得更加务实。他认为要报乡亲之恩,崇祖先之德,无过于办学。他私人拿出了10万大洋,办起了培源学校(后改名正源学校),他在开学典礼上做了这样的致辞:"我中华四千年来,以文教立国,即以道德设教。综观史册记载,凡学校之所讲求,师儒之所受授,罔非以仁义礼智孝悌忠信为淑身善世,成己成人,今古同遵之大经大法,政治虽有变更,教思初无二致。盖其根本精神,在使人培养本源,复其本性。以学问化气质习累之偏,而归诸仁义中正。由格物致知正心诚意,而推之修齐治平家国天下。"本着培养本源的原则,徐源泉在他所创办的学校开设了物理、化学等现代教育必备之课,为仓埠镇教育向现代转型做好了充分的铺垫。仓埠人称他是"福报家乡,泽被后世"。到今天,培源学校改名为新洲二中,是武汉市重点中学。

楚剧大师、武汉楚剧团原团长、著名演员沈云陔出生于仓埠镇的书香门第,因家道中落,在祖母的同意下不满10岁的沈云陔走上了从艺之路,艺名"十岁红"。他通过刻苦钻研,积极学习,16岁就成为名角、班主,挑起了养活全团演职员的重任。一年春节前,沈云陔率团依约来到某乡演出,联系人突然失踪,把全团的人丢在一个旧庙之中。寒冬腊月,北风凛凛,全团人员正在欲哭无泪之际,当地乡民为他们送来了煮好的腊肉豆丝,又借给他们被褥,使他们过了一个在穷困中感到温暖的年。沈云陔和演员们牢记这份情义,以后下乡演出丝毫不敢马虎。抗日战争前,沈云陔已名满湖北,只要家乡人来到汉口,沈云陔一定安排他们住店、洗澡、吃饭、游玩,临走时一定帮其支付路费。有的人觉得沈云陔这样做不值,沈云陔说:"心怀多少恩,就有多少福。我沈云陔的福气都是乡亲们给的。"除了对乡亲报恩外,在日寇占领武汉后,沈云陔前后共捐出500万大洋支持抗战,显示了崇高的爱国情怀和民族大义。从个人感恩报德,上升到对乡亲报恩,已然是超出血缘亲的范围,将报恩扩展到博爱的程度。献金捐款、抗日保国,则是感恩的最高发挥。将血缘、亲缘之情上升到家国情怀,可谓报恩文化的极致。

前人开创的报恩文化,在仓埠镇新的历史时期得到了更广泛的发扬。

柳柏松、柳学勇、柳超祖孙三代均为新洲有名的骨科大夫,三代从医完全是出于报恩。20世纪50年代,柳柏松的母亲带着他和他的妹妹一起生活,孤儿寡母,生活困难非常,屋漏偏逢连夜雨,他妹妹患眼病无钱医治,眼睛眼看就要失明。这时,远亲柳学春从别人手里借了10元钱,送到他家,就是这10元钱医好了他妹妹的病。这也使柳柏松立下了治病救人、报答乡邻的宏愿。他从医院里的炊事员干起,拜师学艺、偷师学艺,终于成为一名在当地小有名气的骨科大夫。接着他又让儿子柳学勇继承父业,不仅在业务上精心传授,还要求儿子不计报酬、不怕辛劳为患者服务。德艺双馨的柳学勇在儿子柳超从湖北中医大学毕业、在天津大医院就业后,多次动员儿子回到家乡,当乡邻的贴心人。三代报恩,有多少恩也应该报完了,但在仓埠人心中报恩已不是针对某一具体对象,而是让自己的心能得到一丝帮助他人的满足。

抱着为他人服务的愿望,左文勇在从事建筑业发财后,毅然回到家乡,他建立起农业公司,采用现代化耕作、现代化销售,改变了仓埠镇农业生产落后的局面。在家乡建设上,他甘当"冤大头",自己花钱铺设管道、修筑道路,把仓埠镇改建成整齐有序、环境美化的小镇。他总在回顾自己在创建建筑公司时,乡亲们纷纷伸手拿出自己有限的金钱进行投资的状况,并以这些往事来作为激励自己改变家乡面貌的动力。像他这样的人还有很多,比如袁惠文,他利用自己在花卉、植物栽培上的长处,在仓埠镇办起了紫薇都市花园。柳冠彩在家乡办起了仓埠山庄,既为旅游者提供了休息之所,也为仓埠镇的农特产品拓开销售渠道。骆黎明害怕仓埠镇落后于网络时代,在仓埠镇办起了创客公司,把新技术引进了仓埠。

感恩是一种文化,是"重德扬善,忠厚传家,知恩必报,忠孝两全"家训在社会风气中的具体表现,让感恩文化从血缘、亲缘、乡缘上提升,与家国情怀融合在一起,将是和谐社会构建的一股有形的力量。

四、崇文尚义即使命

广东开平县赤坎镇的历代居民都在履行着自己的使命,不同的时代给他们使命赋予不同的内涵,贯穿他们使命的是崇文尚义的风尚。崇文指赤坎镇两大姓氏关氏、司徒氏的族人都遵从祖先传下来的文风,以文立治、以文化人。尚义指他们崇尚正义,为捍卫正义虽殒身而不恤。

崇文尚义是关氏、司徒氏的家风。明洪武年间,一读书人吴朝玉路过赤坎上京赶考。位于四省交界的赤坎镇附近经常有流寇骚扰,吴朝玉不仅行李被流寇所抢,还受了很重的伤。赤坎镇镇官关澄江在草丛中发现了浑身是血的吴朝玉,便将他背回家中,为他请医治疗,然后将其留在家中养伤一个多月。在吴朝玉伤好之后,关澄江不仅赠送盘缠,还亲自护送他通过可能会遇到流寇的地方,并言明医药之费和盘缠不许归还。因感于关澄江的高义,吴朝玉写诗一首表达自己的感激,诗云:"天书诏我到京畿,终日驰驱在路岐。不意赤眉伤贱体,多蒙青眼顾寒微。口中乏食既赐食,身上无衣又赠衣。积善之家应获报,子孙继立凤凰池。"吴朝玉后来科举得中,上任后派其孙子到赤坎镇来拜谢关澄江的救命之恩。彼时关澄江已殁,吴朝玉伤感不已,便与关氏联姻,表世代亲如兄弟之情。这只是赤坎镇人仁义之风的一个表现,但以微见著,足证关氏、司徒氏的家风。

在赤坎镇,司徒氏修的图书馆之内藏有一部《半唐番英语》,这真是难得的传世奇书。由于赤坎人属于最早走出国门的侨乡人,他们很早就认识到放眼看世界、认识世界的重要性。故而有心的赤坎人用开平话,以汉字为英语注音。赤坎人认识到仅懂得外语还不够,还必须了解更多的知识。1920年,司徒氏以家族之力筹集了4万美元,筹建图书馆。为保图书馆能惠及后人,图书馆采用了当时罕见的钢混结构。迄今为止,该图书馆内藏有不少珍贵图书。如商务最早版本的《万有文库》及《四库全书》等。图书馆建好后,赤坎镇居民纷纷来此阅读,图书馆显得有些拥挤。1927年,华侨关国暖回到国内自筹资金兴建关氏图书馆,对于关氏族中愿意捐助者,只要报名即可捐助,没有钱关国暖就为其垫付,将资金筹足后,关国暖亲自关注从设计、材料采购到施工的每一环节。到今天为止,关氏图书馆依然美轮美奂地耸立在赤坎镇上。一东一西的两座图书馆,为镇上的学子们提供了求学的资料和场所。借助这两座图书馆提供的方便,从这里走出了被鲁迅称为"人民画家"的司徒乔,中国第一位万吨巨轮设计者、中国小提琴制造者司徒梦岩,香港电影的开创者关文清,有名的战地记者沙飞(司徒传),和冯如一起设计并制造中国第一架飞机的司徒璧如……这些人在不同的领域履行着赤坎人对国家的使命。

  赤坎镇是侨乡,侨民们同样在异国他乡履行着赤坎镇人对国家、对民族、对家乡的使命。司徒美堂1882年赴美,他为人正直、公道、义气,经常为华侨对外排忧解难,对内解决纠纷。他加入以忠心义气为宗旨的致公堂,不久成为致公堂首领。他曾两次致书富兰克林·罗斯福,要求美国废除对华人的歧视法令。1931年,日本发动"九一八"事变,司徒美堂立即组织了"纽约华侨抗日救国筹饷总会",提出了"为国家独立,为民族争生存,一德一心,共赴国难"的口号。1932年淞沪抗战爆发,司徒美堂为冲破日本的封锁,冒着危险,带着捐款赶到前线。在整个抗战期间,司徒美堂及致公堂共计筹得1400万美元。华侨们的拳拳爱国之心,可歌可泣。

留在赤坎镇的镇民们在抗日战争中亦不后于人,1945年7月16日,日军对赤坎镇发动进攻。赤坎镇居民坚决抵抗,以南北两碉楼为防守重点,日军以炮进行轰击。北碉楼失守后,镇里决定留7名青年勇士镇守南楼,掩护全镇居民撤退。7名留守者最年轻的只有18岁,最年长者38岁。他们明知留守南楼意味着牺牲,却都大义凛然地在南楼坚守。从7月16日到7月23日,留守者坚守7天,他们知道乡亲们已经转移走了,共同留下遗言:"我等保守腾蛟,敌人屡劝我投降,我们虽不甚读诗书,但对于尽忠为国为乡几个字,亦可明了。"留下遗言不久,日军用毒气弹让7位青年人昏迷,然后将这7位壮士拖到司徒氏图书馆前肢解示众,抛入潭江。抗战胜利后,海内外赤坎镇人捐资为7位壮士修建了一座纪念园——七烈祠,并为7位烈士树立起塑像,供后人瞻仰。赤坎人不仅在追怀家族中的英烈,更是在颂扬着在民族精神中展现的家风。

赤坎镇人用自己的实际行动来表明对国家、民族、乡亲的爱。1924年,就读于美国威斯康星大学的邓朝均回到家乡度暑假。暑假期间,他为镇民们开办了义学,亲自授课,课讲得生动有趣,不仅吸引了大批学子,还引得不少赤坎镇在外求学的大学生们也来帮助代课。学校宿舍只够7人居住,而当时自愿代课的老师就有30余人。邓朝均想出了轮班睡床,其他人睡地板的方法,让这所义学办了2年多,后邓朝均到德国柏林大学读博士。1932年,邓朝均从德国回国,又到这所学校继续任教。1936年,年仅31岁的邓朝均积劳成疾，病逝于该校。他用自己年轻的生命在默默地耕耘着赤坎镇教育的园地，至今赤坎镇人还在转述着邓朝均怀着使命感用自己的精神守望赤坎镇的那一片丹心。

将自己的生命与赤坎镇的教育联系在一起的，在今天还有谭金花。谭金花1992年考取了香港大学建筑系，在她的脑海中，赤坎镇的碉楼、骑楼、居庐是她乡愁的依托。这些造型独特的建筑融汇了中西方文化，是一个时代的历史记忆。谭金花经常回来考察这些建筑，在她获得美国建筑遗产保育方向的博士学位后，她放弃了海外工作的机会，回到家乡的学校，像邓朝均献身于家乡的教育事业一样，她献身于华侨文化遗产的研究保护和教学。她认为华侨文化遗产不仅是建筑，更重要的是人，在这些建筑和现在使用这些建筑的人的中间就包含着文化，所有这些都应该保护起来。这样这些建筑才会活起来，让后人感受到其中包含的文化精神。

赤坎镇的文化精神被镇中两个图书馆每4个月就会编辑出版的一本侨刊所反映，这本侨刊已经编辑了90余年，每一期侨刊都会邮寄到海外赤坎镇侨民手中，其内容主要是家乡发生的事情。对于海外的侨胞而言，每期侨刊都是一份"集体家书"，也是传承着古镇文脉的潺潺溪流，古镇的文化精神滋养着远在异乡的侨民们，使侨民们身在异国他乡依然将家乡托付给他们的使命感挂在心上。

第十二章　天地自然预人事

——和谐共处的自然观

天人合一是中国古人用来处理人与自然关系的主要依据,依据这一观点,大自然与人密不可分。人类从大自然取得居住环境和生活资料,这种取得必须限制在大自然能承受的范围之内。聪明的古人为限制人们过多地占有和消耗各种资源,编造了一个表面有浓厚迷信色彩的说法,即人一辈子要消耗多少资源,都有定数规定,所以,古人在谢绝靡费和奢华时往往用"不要折了我的草料"来进行推脱。我们将其扩大到生产、生活资料与人数的范围进行讨论,发现确有定数存在。一块草场,草的生长有周期性,草的产量可以衡量,因为载畜量也有一定的限制。超过这个限制,草场会逐渐走向荒漠化。到头来牧场会消失,人类会被迫迁徙。迁徙一处、破坏一处,长此以往,人类将无生存之地,所以人类必须从过去的愚昧中尽快地醒悟过来,与自然和谐共处。

与自然和谐共处就得与大自然心灵相通,这种相通是为大自然着想。大自然的任何变化都会对人类生活产生影响。人类的活动不破坏大自然的平衡,平衡的大自然才会为人类的生存提供最适宜的条件。在最适宜的条件下,人类才能创造出更高级的文明——生态文明。

一、山林是主人是客

在贵州省从江县占里村,有从祖辈流传至今的人人必须遵从的古训:"山林是主人是客"。这句通俗易懂的话被很多人不理解,有人觉得人理所当然地应该是大自然的主宰,山林不过是大自然的一个构成部分,难道山林能主宰人的命运?难道开山垦土造梯田的人类仅仅是匆忙行走在山林的过客？为什么占里村村民的祖先要把自己的命运交给山林掌管？这其中是否有祖先们在受到自然惩罚后悟出的教训？

相传占里村的祖先吴占、吴里为躲避战乱、饥荒，各自携带着一家老小从广西梧州出发，沿都柳江北上，走到这里发现此地山明水秀，适宜人居住。两家人就此定居，并以两家家长之名构成村名"占里"。两家人开垦土地、种植庄稼、建起房屋，形成了一个村落。经过多年的积累，占里村由2户人家发展到100多户。人口的快速增长对生活资源的需求也日益增加，这种压力只能由当地的山林来承担。为了获得更多的粮食，就必须开垦更多的荒地。为了修建更多的房屋，就得砍伐更多的树木。占里村原有的宁静、和平被打破了，到清朝初期，占里村不断发生乱砍滥伐、争田斗殴的事件。乱砍滥伐造成水土流失，导致良田变荒地。争田斗殴使得同姓同家族的村民们见面如同乌眼鸡，各自心怀叵测。争来争去，争的不就是生活资源么？当时一位叫吴公力的寨老意识到"崽多无田种，女多无银两"，人口增加过多，超过了这里大自然的承载能力。经过与村里人商议，村民们达成了一致，以起款的形式，定下了每对夫妻只能生两个孩子的款约。在清代，占里村村民就知道通过计划生育来节制人口，控制人口的快速增加，真不愧为了解生活质量与人口比例关系的先知先觉者。他们从人口剧增感受到大自然的压力，自觉地调整人口增长速度，化解压力于无形。这是一种智慧，他们减轻了大自然的负担，大自然也给他们以丰硕的回报。翠绿的山林、清新的空气，占里人有着最好的生活环境。

占里人珍惜并保护着这样好的生活环境，他们坚守着不准砍伐山林的吴氏家规，对山林这位主人始终持恭敬的态度。他们认为树林是衣服，村寨就像一个人，如果没有树林村寨就会挨冻。这是侗家人常用的比喻手法，形象地说明了村寨和树林的依存关系。占里人为了让这种依存关系更加牢固，他们先是将树林分类。一类是风水林，是村寨周围的禁止砍伐的大树；二类是用材林，可用来修房子，在风水林的周围或村寨附近；三类是薪柴林，可用来烧柴，通常是田边地头那些零星或成片的树林。他们将树林分好类后就按不同的类别保护和利用。对薪柴林，村民每年春天在老树旁种上新树，新树苗是生长快、易于燃烧的树种，在砍伐时，他们砍伐相应数量的老树，砍老留新。这样新种的树就填补了被砍老树的空缺，要砍树先种树，这是占里人与山林的约定。对用材林，占里人除要遵守砍树先种树的规定外，还要物尽其用。树干用来造房子，树枝用来做禾晾架子以便晾晒稻谷，加工出来的刨花和锯木屑用来燃烧，树皮用来做瓦。每年到了春季，占里村民都要采购树苗，上山种树。这既是家规的要求，也是占里村民自觉从事的活动。为了让孩子们从小就懂得爱树护树的道理，占里人在种树时往往带着未成年的孩子。一来让他们学会劳动技能，二来让他们懂得"山林是主人是客"的古训。在这样的环境中长大的孩子从小就懂得种好树、护好林，就可以更好地保护水源、保持水土。占里村从未发生过泥石流，至今古井水清甜，这都是树木的功劳，也是占里人通过树木将对家乡的热爱转移给大地的表示。

占里人不贪，这种不贪不是对占有欲的克制，而是珍惜大自然的馈赠。占里人喜欢种植米质好的香禾糯，当地人称香禾糯是"一亩稻花十里香，一家蒸饭十家香"，因此香禾糯在市场上售价远高于一般糯米。但占里人不贪这个利益,不发这个财,他们一年只种一季,只收一次。在占里人看来,要想香禾糯质量好,就必须要让香禾糯有足够的生长时间;其次土地需要休息,种植次数太多、收获次数太多,会使土地的肥力很难恢复。出于对土地的热爱,占里村人尊重土地的馈赠,在保护着土地,这种保护已延续了几百年。这种保护措施就是"种植一季水稻,放养一批鱼,饲养一群鸭"的鱼稻鸭系统。根据鱼、稻、鸭的生长规律,在秧插下去不久,稻田的水灌得多时将鱼放进稻田,等鱼长到小鸭子无法吞食时,再放小鸭子。鱼和鸭子在稻田里吃掉杂草和害虫,它们的粪便可作为肥料,稻田里不再需要施肥、施农药。这种方式是最绿色、最环保的,已经被联合国粮食及农业组织选定为农业文化遗产的首批项目。

  占里村人把自己看作过客,从姓名的变更就可以反映出来。如村中的药师吴仙娥在生下女儿吴银娇后,就被人称为"乃银娇",意思是银娇的妈妈,在孙子吴怀瑾出生后,她就被人称为"萨怀瑾",意思是怀瑾的奶奶。表面上这仅是一个称谓的变换,实际上是人生不同阶段、充当不同角色的表示。随着名字的改换,就意味着姓名变更者已经走完了人生的一段路,每一段连接起来就是过客的历程。成为萨怀瑾的吴仙娥人生阅历多,她的人生领悟让人感受到占里村人对自然的尊崇、对生命的敬畏、对人和自然关系的深刻理解。她认为药只能治病,却不能治命,每个人都希望活得久长,万寿无疆,可每个人都只是匆忙的过客,只有青山是永恒的,人像山上的草一样,一茬接一茬的。这种豁达的生命观和朴素的自然观使他们融入了自然,在接受自然馈赠的同时,保护了自然。

  在占里村,有这样的民歌:"一棵树上一窝雀,多了一窝要挨饿。

山林是主,人是客。占里是条船,有树才有水,有水才有船。"这首民歌深刻地说明了一定的环境只能容纳一定的人口,将计划生育、人口控制,与封山育林、环境保护集合起来,占里村村民们从生活的境遇中领悟到了奇妙的人生智慧。听听占里姑娘们唱的歌吧,"祖先给我们开垦了田地,山林给我们赐予了礼物,我们要歌唱祖先,歌唱山林"。祖先是开拓者,山林是村寨的依托,占里村民借着祖先开拓的勇气,依托山林必将创造更美好的未来。

二、种树还山家园宁

1935年,25岁的费孝通和他的新婚妻子王同惠为了"认识中国、改造中国"来到广西大瑶山,这里苍翠的树木和淳朴的民风让他惊叹来到了世外桃源。对广西瑶族的考察成为他"文化自觉"学术研究的起点,在他及后来学者对大瑶山瑶族的研究中,都认为该地存在着石牌文化区。"石牌大过天"是这一瑶族文化区的显著规则。在金秀一带的瑶族人将祖先定下的寨规、族规、家规刻在石牌上,立在寨门口,依赖村寨寨老的个人威信管理村寨。家族家风在传承中带来的教育作用,使瑶民们在生产生活中践行着寨规、族规,并自觉维护刻在石牌上的寨规、族规,在维系人与人之间的社会关系方面,起着规范个人行为的作用。石牌文化主要盛行于金秀的瑶族支系,花篮瑶、坳瑶、山子瑶、盘瑶等,金秀门头村居住的是花篮瑶人。

在广西金秀县门头村村口有一块石牌坪,在石牌坪立着瑶族村民的祖先们所树的石牌,石牌上刻着先祖们留下的族规家训。随着长辈们的潜移默化,这些族规家训已成为家风在门头村瑶寨传播着。在石牌坪有一块古训石牌，上刻着："我瑶门头，四十二家，大大小小，对天讲过，村旁四方，划作众山，种树护村，做善积福，毁木霸地，做恶招祸，天地有眼，会有报应。好人好报，恶人恶报，子孙万代，要记在心。"光绪七年（公元1881年）土地神公吉日立。这一古训中强调了种树的作用是护村，同时强调种树护村是做善事、积福德。石牌中"对天讲过"四个字是指门头村先祖们曾对天发誓，希望子孙能不违祖誓，将种树护村牢记在心。

门头村瑶民以种田和种植经济类林木为主，出售采摘的八角、茶叶、野生菌作为主要经济来源，他们的生产生活离不开山林，可贵的是他们从未损害过森林，并将祖先古训化作家风，以一片虔诚敬畏之心来面对大自然。在接受大自然馈赠时，他们也努力回报大自然。这回报是对环境的保护，是紧守住人类在处理与自然关系中不可越过的底线。瑶民们不多取、不妄取，不以满足个人私欲而破坏大自然对资源的再生能力。

门头村瑶民将山林划分为众山山林和庙山山林。众山山林是村寨的防护林，对村寨起着涵养水源、净化空气、保持水土、防风、防火的重要作用。庙山山林是瑶民们顶礼膜拜的神圣之林，神圣之林的树木均为神树，任何人不得随意进入庙山嬉闹和破坏。在庙山只允许举行庄严的仪式，祭祀神树。在众山的树木中，有些树已被村民们认作"契娘"。村民们认为树是长寿和健康的象征，体弱多病的孩子在长辈的带领下，带上鸡肉、糍粑和米酒向树木祭拜，认干亲。瑶民们期望树契娘保佑孩子健康成长、平安多福，凡是被孩子认作契娘的树木，都有一层神圣的意味，村中人不能摘叶伤枝，更不能伤害树皮。在门头村，百年以上的古树有100多株，有一棵杉树已有

第十二章 天地自然预人事——和谐共处的自然观

500多岁,树高50多米,五六个成年人才能伸手将它围起来。有些外来参观者看到这些树木认为可以利用这些树木发财,门头村的瑶民可不这样认为。在他们心中,树和他们是完整的共生体,有了山林的庇护门头村就会人丁兴旺,有了树木的陪伴村寨就会安宁。因此门头村的村民不仅不砍树卖钱,每年开春后还集体上山种树。他们认为种树是为个人积福,种树还山是对大自然馈赠的一种偿还。在门头村先祖刚迁到此地时,此地无树,还曾经失过两次火,先祖们吸取了教训,开始了大规模种树。一代又一代人辛勤地种植,加上认真地保护,终于将门头村带进了青山绿水之中。灾害少了,人也更健康,金秀县是有名的长寿县,门头村则是长寿县中的长寿村。

门头村有自己的医生,年近80的老瑶医李成芬既为病人治疗,自己也要上山采药。他告诉他的孙女,大瑶山一草一木都是药材,都可以用来治病救人,但不能随意采摘,必须按瑶家的规矩。首先要按"积留"的规矩,采药时不得挖草药的幼苗,能取杆的草药绝不取根,绝不采光挖尽,要留点做种子。其次,在采药后要撒米酬谢山林的恩赐。在救治好病人后,瑶医还要进山答谢山林,用"挖一种二"的方式补偿山林。正是因为瑶族人在采药时遵守了这些规矩,时至今日,大瑶山依然是广西最大的药用植物园。

门头村用优美的自然环境召唤着旅游者,门头村的村民们也用对山林的深情厚谊在维护着众山山林、庙山山林。盘振武是门头村里的老护林员,他对门头村的树木了如指掌,像呵护亲人一样呵护着这些树木。他为三个儿子取名"盘木华""盘茂华"和"盘盛华",连起来就是"木茂盛"的意思,表达了他爱树护林的心意和期望。他不是不知道那些古树名木的价值,曾经有人向他开过价,以80万的价格买一棵楠木树。他直接回绝了,说只有败家子才会砍树卖树。他期望这棵树能留给子孙后代瞻仰,他也愿意自己永远是这些树木的守护人。为了实现自己的意愿,他拒绝了三个儿子要他进城居住的请求。在守护山林的同时,他还义务担任门头村博物馆的讲解员。在绿树掩映的大瑶山,他活在自然的怀抱里,满足而又惬意。

生态决定心态,敬畏涵养生机。门头村的瑶民们面对祖祖辈辈维护得如诗如画的山林生态,在心态上是热爱、是恭谨,是将自己放在接受恩赐者的位置上,满足而感恩地生活着。他们对山林的敬畏不应武断地冠以"迷信"二字,当人类将自然作为心灵沟通的对象,哪怕是作为崇拜的神灵,敬畏产生的作用是积极的,这种作用使山长青、水常绿,使人类留住了自然中最难得的宜人环境。从门头村瑶民们为做黄泥鼓而砍伐一棵桐木树时的仪式,足以看出瑶民们用敬畏之心让山林永葆生机。在砍树前,瑶民们要先向山神、树神祷告,请求山林允许砍伐;再围着要砍伐的树木绕圈,表示只砍这一棵;还要对树神舞拜;仪式结束后才能砍伐。这种仪式对有些人而言显得多余,然而正是这烦琐的形式将门头村瑶民对山林的敬畏表现得淋漓尽致。有了这种发自内心的敬畏,才有了祖先们在刚来时的茅草地上不断种树护林的行为,才有了而今的茂盛植被。是勤劳的双手和生存的智慧,让荒山在绿色的宁静中变成了永远年轻的家园。在门头村村口的门楼上有一副对联,"门对青山映日月,头顶蓝天写春秋",瑶民们看着日月星辰辉耀着浓荫蔽日的漫山遍野的树木,在蓝天白云下书写着保护生态、保护自然,创造本民族文化、创造自己幸福生活的新的历史。

第十二章 天地自然预人事——和谐共处的自然观

三、人恋山水常护绿

"我们不要过分陶醉于我们人类对自然界的胜利。对于每一次这样的胜利,自然界都对我们进行报复。"恩格斯提醒着人们不要以大自然的征服者自居,当人类对大自然予索予求破坏了自然的平衡,大自然就会通过灾害、变化来威胁人类的生存。具有生存智慧的人们在接受了大自然用灾变显示的教训后,自觉调整人与自然的关系,将呵护绿水青山作为自己的责任。

漓江畔的兴坪镇人通过吸取教训,保住了"江作青罗带,山如碧玉簪"的秀丽风景,保住了适宜生存的生态环境。兴坪镇人的先祖在这一点上为后代们立起了家风,做出了楷模。兴坪镇是三国时代吴国所设熙平县治,隋朝开皇年间,驻扎此地的士兵们图取木材方便,不加选择,任意砍伐,使山林露出残破之相。因避中原战乱迁徙至此的居民,放火烧山、毁林造田。风随火起,风促火势,青山变成了秃山,怪石嶙峋的山体只蒙盖着薄薄的土层。几天后一场大暴雨,引发了巨大的泥石流,熙平古县城被冲成一片废墟,人们被迫搬迁至今天的兴坪镇。家园被泥石流掩埋,亲人在灾难中丧生,幸存者在哀悼中感到了悔恨,他们认识到这场灾难与其说是天灾,不如说是人祸。当时的镇民将这场灾难称为"天谴",借神道以设教,时时让人们铭刻在心。同时,吸取了教训的镇民们开始了大规模的植树造林、封山育林,并由几个家族共同出面订立了山禁规约。保护山林成为每个家族、每个家族成员的义务和责任,违背山禁规约是要付出代价的。在唐朝初年,兴坪镇腾蛟村黄氏族长的儿子仗着自己的地位，偷砍了后山三棵大树建造房屋，消息传开，族人们毫不留情地将他扭送到黄氏祠堂。经家族在祠堂公议，族人决定严惩黄家少爷。黄氏族长毫不偏袒，下令将儿子绑起来游街示众，并在祠堂墙上张贴惩罚其子的公告，命令其子杀一头猪，用猪头三牲来供奉山神土地，向镇民们虔诚地认错。这个案例在当地形成了"杀猪封山"的规矩。无论是谁，只要偷砍了树，就要杀猪向全镇百姓赔罪。

为了让世代后人能记住这场天谴，兴坪镇民往后每年的正月十五都会举行舞草龙的祭祀仪式。村民们认为舞草龙是对天地神祇的祈祷，祈求草木繁盛、山青水碧。草龙是用稻草扎成，因稻草是黄色，草龙又称黄龙、太平龙。草龙扎好后，要被村民送到兴坪镇的社树下。社树是一棵古老巨大的樟树，兴坪镇民将其奉为神树。社树像祖先一样，受到镇民敬奉。每年到社树下迎草龙的日子，长辈带着孩子们拜社树为干亲，祈福纳祥、寻求庇佑。舞草龙的祭祀要走遍镇上的街街巷巷，镇民们在自家门前燃放鞭炮，为草龙插香，主祭者唱着祭词："龙兮龙兮，大德无疆。永葆山清水秀，子孙贤良。风调雨顺，国泰民安。"在祭词中，山清水秀涉及人事中的子孙贤良，与自然界的风调雨顺紧密联系，人好自然好，国泰民安就会实现，真可谓言简意赅。

每逢雨水时节，兴坪镇渔村的赵氏族人都会上山清理养护一眼泉水。据说明代旅行家徐霞客在兴坪旅行时遇到了寻找落脚之地的赵氏先祖，徐霞客见这里的山上树木繁茂，认定树木繁茂之处必有水源。经他指点，赵氏先祖找到了这眼泉水，并为之命名"天水"，同时将清泉所在山谷称为"天水寨"。徐霞客告诫赵氏先祖："如果要安居乐业，滋养泉水的大山就一定要有繁茂的山林，一旦山林被破坏,生机就会丧失。"赵氏先祖引水入村,用来养鱼灌溉。为保护好水源,赵氏先祖将天水寨定为赵氏家族的后龙山,规定子孙不能上山砍树,立下家规"刀斧不入山"。几百年来家规融入家风,后龙山始终浓荫欲滴、翠色如洗。近代以来,随着人口增长,一些赵氏后人违背"刀斧不入山"的祖训,滥砍滥伐使后龙山水土流失严重,村中的收成一年不如一年。"赤膊后龙光水口,生下儿孙往外走。"这句顺口溜记载了当时村中生活的艰难。20世纪70年代,后龙山已经寸草不生,面对荒山,赵氏族人深感危机,在痛心疾首后决定恢复"刀斧不入山"的祖训。刚开始赵氏族人倍感生活艰难,因为不能上山砍柴作为燃料,买煤、用电开销很大,生活过得紧巴巴的。外出打工的赵家帅了解到一种可以燃烧的气体——沼气。在闭塞的村庄里推广沼气,颇有些艰难。1983年开春时节,赵家帅在自家后屋挖了一个沼气池,为全村人做起了示范。半年后,赵氏族人惊奇地发现赵家帅不砍柴、不买煤,开关一扭蓝色的火苗就跳跃着。但村里人又有了新的顾虑,认为沼气是由动物粪便发酵而来,用沼气做的饭菜肯定有臭味。赵家帅邀请族人到他家来观看他做饭,当热腾腾、香喷喷的饭菜摆到桌上,村民的顾虑消除了。几个月后全村人都开始使用沼气,村民主动清理路上的动物粪便,村中的青石板路清洁了。使用沼气不仅为村民节省了燃料费,也节约了砍柴的劳动力。村民们不再砍树了,而且定出新规,每家每年在山间河畔种10棵树。种树不仅为村民们带来了养眼的绿色,也带来了丰厚的收益。村里种植了500多亩柚子林,村民用沼气池的肥料作为柚子树的肥料,高效无污染的有机肥使该村种植的沙田柚汁水多、味道甜,多次获得全国柚子评比的"金杯奖",每年给赵氏族人带来500多万元的收益。无意中该村走上了生态农业循环发展的新路子。1998年,时任美国总统的克林顿到兴坪镇参观沼气循环利用的模式,称赞兴坪的做法对生态环保意义重大。我国古代政治家管仲的见解更深刻,"人与天调,然后天地之美生"。人只有与大自然协调,才能创造美,创造美的生活。

"近水三尺姓黄",三百里漓江上的渔家大部分都是黄氏后人。元末明初,黄氏先祖从福建邵武地区迁移到漓江一带,以捕鱼为生,靠着漓江丰饶的水产,黄氏家族安居乐业、发展壮大。族人多了,无节制的捕捞让江中水产日渐稀少,以水为生的黄家人守着江水却吃不上一顿饱饭。明末,黄冬进对其子孙说自己梦到河神对他说,要想子孙后代有鱼可吃,就不能胡打滥捕,由此定下了"三不打"的规矩。"三不打"是指春天的时候不打,旋子(产卵)不打,小鱼不打。他还对渔网网眼大小、下网时间都做出了明确规定。清顺治六年(公元1649年),清政府将黄氏家规定为漓江捕鱼的行规,要求漓江所有渔家必须代代相传、严格遵守。黄氏族人遵循"三不打"的族规已有500余年,每年正月,黄氏族人就要祭河封网,两个月内不准下河捕捞。封网后还要放养鱼苗、放养生息,以期年年有鱼。20世纪90年代,受环境改变和人口增长的影响,漓江的鱼类资源不断减少,为了给后世子孙留下生存的机会,兴坪的许多渔民主动放弃了这份营生,绑住鸬鹚,回到了岸上。"但余方寸地,留与子孙耕",渔民们自觉地在调整人与自然的关系。大自然很快对这种调整做出了回馈,"鸟飞青山,鱼翔江中"的美景重现漓江上,环境的恢复使兴坪成了旅游胜地。大批旅游者的到来改变了渔民们的生存方式,他们重新带着鸬鹚回到漓江,成为游客镜头中的模特,为山水增色。

兴坪的旅游业迅速发展,为当地人带来了富裕也带来了烦恼。退休教师陈新和与老伴每天早上 9 点一起来到河滩上捡垃圾,夫妻俩坚持了 30 多年,最多的时候一周捡到 800 多斤垃圾,成为漓江环保的守护者。有的人不理解陈新和对家乡山水的维护之情,认为他捡垃圾的行为很丑。他编了一首顺口溜为自己解颐:"捡起垃圾人又丑,旁边别人笑我丑,他笑我做丑就丑,事做久了不怕丑,唱起山歌当小丑,事到如今不说丑,清洁漓江不是丑,愿做天下这个丑。"确实,清洁漓江不是丑,而是真正的大美。他的坚持感动了兴坪镇的居民,人们自发地组织起来清理河滩,垃圾被送到镇里几个固定的回收点集中处理。漓江江面清亮,河岸光洁,游客们在欣赏"分明看见青山顶,船在青山顶上行"的美景时更能感知美景中包含着兴坪镇人的环保意识。

和山睦水,方能永续发展。兴坪镇镇民将家风中的家乡之爱化为环保意识,推动着当地发展。中国梦在这里会呈现出霓虹般的色彩,让青山翠色繁茂,让漓江清澈迷人。

四、心平赢得山长青

丰饶的资源对生活在百福司镇这块土地的人,是机遇也是灾难。地处鄂、湘、渝交界的湖北来凤百福司镇是土家族世代生息繁衍的地方。土家族盛行摆手舞,族人每修一座摆手堂,就会在院落中央栽一棵树。种树的理由来自一个古老的传说,在远古时期,有一次暴雨下了三天三夜,洪水淹没了酉水河两岸的房屋和田地,人们陷入绝望。绝望中的人们看到酉水河上游漂来了一根木头,在一户覃姓人家的门前生根发芽、抽枝长叶。第二天,覃姓家人出门看到这棵大树,于是围着树跪拜,一拜洪水退了几尺,二拜水又退了几丈,三拜洪水全退了。人们认为是树神显灵,救了大家的性命,于是大家围着神树跳摆手舞。因此,土家族的摆手堂院中央必须种上一棵树作为神树的代表。

任何民间传说在传播中都会被加上传播者的体验,神树的传说之所以久传不衰,也是因为这里的土家人靠山吃山、靠水吃水,感受山林提供的福荫。这里树木多,而且出产价格昂贵的楠木,也出产桐、茶、漆、倍等经济林木,然而正是这价格昂贵的楠木给这里带来了巨大的灾难。明嘉靖二十年(公元1541年),京城仁庙起火,九大庙几乎全部被烧毁,灾后朝廷派官员到湖广、四川采办大木,修复庙宇。时任辰州府同知的徐珊带着工匠来到百福司,发现这里古木参天,且散发出的清香让人心旷神怡。隐藏在万山丛中的大片楠木林被人知晓,徐珊让当地土家人随木匠进山伐木,百福司的楠木成为皇宫中粗大的梁柱、陵墓中巨大的棺椁。暴利让木材商纷至沓来,以前走在林中"人不见天,雨不湿路",无休止的砍伐很快将近镇的楠木砍光,伐木者只得到深山危险陡峭的地方进行砍伐。"进山三千,出山八百",伐木者非死即伤,导致当地人口急剧减少。过度砍伐造成水土流失,只要暴雨,就会导致泥石流冲毁村寨。土家人在大自然灾害的警诫面前,领悟到砍树破坏了龙脉,遭到了天谴,导致了灾害,于是在已经荒芜的山岭上广泛栽种楠木树苗,并制定了一套完整的乡规民约。乡规将森林资源分为生态林、风水林、经济林、用材林等不同类型进行保护,规定生态林、风水林、经济林都不允许砍伐,用材林要做到取之有度,及时补种。私人用材不允许砍伐金

第十二章 天地自然预人事——和谐共处的自然观

丝楠木、桐、茶、漆、倍等经济林木，砍了也要受罚。任何违反规矩的人都会受到严惩。明末清初，一人因上梁缺乏木材，误砍了一棵楠木，被土司捆起来罚跪一夜，第二天还被用藤条抽打一顿，而且当地人对因砍伐树木被处罚的人十分看不起。这种因灾害得来的教训让当地人懂得，自然之赐也必须取之有度、取之有道。这种教训不仅形成了规矩，也在土家人每个家族中形成了"视水如母，拜树为父"的古老习俗。这种习俗沿袭下来，成为土家族人的家风。

桐、茶、漆、倍是土家族人的山林银行，尤其是桐油，曾是百福司行销全国的著名商品。进入20世纪80年代，随着新材料取代桐油，家家户户种植的桐树荒废了，村民收入锐减。为了填饱肚子，村民们在自家耕地里种植烟叶。种植烟叶容易赚钱，可种烟叶破坏了植被，并且烟叶收了后要烤，还要砍伐树木。彭大波1995年将自己做生意的500万积蓄拿出来购置油茶树苗，还劝说村民与他一起种植油茶树。村民们看到茶籽要5年才有效益，都不愿投资。为让山林得到保护、村民不再贫困，彭大波免费提供油茶树苗，还给种油茶树的人发工资，最终让村民动心的还是彭大波的一番推心置腹的谈话。彭大波用当地民谚"山不平，路不平，心要平"来劝说村民，"山不平，路不平"是大山的环境，"心要平"是指人类要能冷静地思考，大山给人类提供了生存的资源，人类不能因一己私利破坏大山。被彭大波以心换心打动的村民们纷纷铲掉烟叶，改种油茶树。由于抓住了绿色食品为人喜爱这一契机，小小的油茶种植业和茶油生产业逐渐成了当地增收的大产业。这不仅仅是产业的转型升级，也是让鸟语花香重新回到百福司的起点。跟在彭大波身后，不少土家人将目光投在油茶种植和茶油生产上，现在百福司镇满城茶油飘香，繁华的景象仿佛让人回到了桐油行销全国的岁月。彭大波注册了"茂森"山茶油商标,全力投入山茶油的产业化经营,并将山茶油生产精品化,不仅有效地满足了用户对食用油更高的要求,也为当地提供了多个就业岗位。同时,彭大波多年来一直探索林下养殖、林下套种的循环种养新模式,不断提高综合效益。他每年在林下养鸡2000多只,林下套种红薯70多亩,林下套种半夏、玄参等药材30多亩,每年副业收入10万元左右。这一新模式的运用,不仅增加了收入,减少了果园培管费用,降低了生产成本,还改善了土质,促进果树生长。赚了钱,还要会用,还要用得有意义。彭大波先后投资110万元,在荒山上造杉树、椿树等生态林400多亩;发展果园320亩,其中矮晚柚、红心柚250亩,桃李70亩,在怯道河岸建起一座"绿色银行"。自己富了,他就把帮助更多乡亲致富当成自己的使命。他收购农副产品,不打白条不要秤;有新技术、新品种,先试验后推广;运山货出山,带信息回乡,一心助大家增收。药材种植投资少、收效好,彭大波通过发展林下种药尝到了甜头。他在高洞村引导农民大力发展玄参,为农户提供种子、技术、保护价收购"一条龙"服务,300多农户种药400余亩。扣除种子费用,药农亩均收益达1500元。百福司镇药材基地扩大到2000多亩。改善酉水河流域生态环境,为更多乡邻找到致富门路,赚钱到达彭大波这个境界,不仅是生财有道,更是生财有德。

彭南树是个普通农民,自觉地充当护林员几十年。在人均月收入只有十几元的状况下,盗伐者提出砍一棵楠木给他28万元的条件,彭南树一口拒绝,并赶走了这些盗伐者。彭南树说:"钱花得完,买的房子会住烂,买的车子会开烂,树敬在那里,只会长大。"他带着儿子在山上种植超过 30 亩的楠木林，期望真正实现顺应自然、保护山林。彭南树只是一个将敬畏自然、顺应自然、保护生态的家风传承下去的传承者。百福司镇人都从不同的位置，在传承着将山林视作亲人的价值观。